미첼 레스닉의
평생유치원

Smilegate
Foundation

미첼 레스닉의
평생유치원

MIT 미디어랩이 밝혀낸
창의적 학습의 비밀

미첼 레스닉 Mitchel Resnick 지음 | 최두환 옮김

Lifelong Kindergarten   다산사이언스

차례

제1장 ｜ 창의적 학습   Creative Learning

제6장 | 창의적 사회   Creative Society

급속한 기술 발전과 4차 산업혁명으로 앞으로 다가올 사회에서는 단순반복적 일은 AI 같은 기계가 대신하게 되며, 오직 창의적 일만이 인간의 몫이 될 것이다. 이런 사회적 변화를 맞이하여 우리의 교육 시스템도 그에 따라 바뀌어야 한다.

단순반복적인 일, 미리 정의된 일, 지시한 일을 잘하게 가르치는 기존 교육은 과거에는 의미가 있었을지 몰라도, 앞으로 다가올 미래에는 의미도 가치도 없어진다. 기존의 틀에 묶이지 않고, 그 틀을 뛰어넘어 창의적으로 생각하며, 빠른 사회 변화에 능동적으로 대응할 수 있도록 우리의 아이들을 가르치고 준비시키는 새로운 형태의 교육이 필요하다.

이런 능동적 창의성 교육의 중요성은 모두가 공감하고 있다. 정부에서도 앞으로의 교육은 이런 방향으로 나아가야 한다는 생각으로, '2015년 개정 교육과정'에 이런 내용을 포함했다. 그 주요 내용은 다음과 같다.

· 인문학적 상상력과 과학기술 창조력을 갖춘 창의융합형 인재를 육성한다.
· 이를 통해 그들에게 앞으로 다가올 사회 변화의 흐름을 능동적으로 주도할 수 있는 능력을 길러준다.

이를 위한 방법론으로 소프트웨어 교육을 강화해 창의융합 능력을 키우도록 하였으며, 교육 방식도 가르치려 들기보다 학생이 자율적으로 배워나가도록 하여Teach Less, Learn More, 자율성과 창의성을 키우도록 하였다. 그렇게 함으로써 학생들은 다음과 같은 능력을 자율적으로 키워나갈 수 있을 것으로 기대된다.

- 소프트웨어를 체계적으로 동작시키면서 배우는 '논리적 사고'
- 스스로 변화를 시도하면서 배워나가는 '능동적 사고'
- 남과 다르게 생각하면서 기존의 틀을 벗어나는 '창의적 사고'

하지만 이런 바람직한 의도라 할지라도 일단 교육 현장에 들어가면 원래의 목표를 잊고 헤매기 일쑤다. 모든 것이 점수와 연관되어 학부모의 치맛바람에 휘둘리면서, 창의융합을 위한 소프트웨어 교육이라는 본연의 목적은 어느새 사라지고, 그저 단순한 기계적 코딩교육으로 변질되어버리는 게 현실이다. 원래 의도했던 자율적, 논리적, 능동적, 창의적 사고 배양 목표는 어디론가 사라지고, 정해진 방법에 따라 답만 달달 외워서 점수를 잘 따도록 하는 기계적, 주입식, 암기식 교육이 되어버린다.

이런 교육 현실을 통렬히 풍자한 인도 영화 「세 얼간이」의 명대사가 생각난다. "주입식 암기로 너희가 대학 4년은 견딜 수 있을지 모르지만, 앞으로의 40년은 엉망이 될 거야. 지금 교육은 단지 머저리를 찍어내는 교육일 뿐이야." 그나마 다행인 것은, 이런 문제가 단순히 우리나라만의 문제가 아니라는 정도일까?

창의융합 교육이 이렇게 변질되면 우리 아이들이 창의융합 능력 측면에서 뒤처질 뿐만 아니라, 그에 따라 미래 국가 경쟁력도 덩달아 떨어지기 마련이며, 그들의 밝은 미래 또한 결코 기대할 수 없다. 옮긴이뿐만 아니라, 옮긴이가 관여하고 있는 스마일게이트 사회복지재단에서도 이런 우려와 함께 관련 문제를 주시해왔다.

스마일게이트 재단은 이러한 국가대계의 문제를 해결할 방법을 모색하면서 자라나는 아이들이 존엄한 창의성을 발현할 수 있는 '퓨처랩' 등 여러 관련 활동을 해오고 있었으며, 창의환경의 가치를 확산하기 위해 MIT 미디어랩 미첼 레스닉 교수가 쓴 이 책『미첼 레스닉의 평생유치원』을 번역 출간할 계획을 하고 있었다. 이 책이 더할 바 없는 최고의 창의융합 교육 방법론을 제시하고 있었기 때문이다. 옮긴이의 우려와 바람 그리고 미래 세대에 더 나은 사회의 희망을 확산하고자 하는 스마일게이트 재단의 사명이 우연찮게 일치했고, 그래서 그 좋은 내용이 잘 전달되려면 제대로 된 번역이 필요할 것 같은 생각에, 기쁜 마음으로 이 책의 번역을 자진하게 되었다.

번역을 하면서 원문을 읽을수록 옮긴이는 이 책이 담고 있는 내용에 더욱 빠져들었고, 그럴수록 창의융합 교육에 뜻이 있는 사람이라면 누구나 쉽게 읽을 수 있도록 해야겠다는 생각을 거듭하게 되었다. 번역은 본래 지난한 작업이다. 게다가 기업 CEO를 맡고 있는 처지이다 보니 시간을 내기가 더욱 힘들었다. 하지만 이 책을 제대로 번역해보겠다고 나선 것은 현명한 결정이었다고 스스로 자부하며, 기쁜 마음으로 번역 작업을 이어갔다.

이 책을 번역하면서 옮긴이는 뜻하지 않게 기업 경영에 대해서도 새로운 내용을 많이 배우게 되었다. 옮긴이가 경영하는 포스코 ICT라는 회사는 사물인터넷IoT, 인공지능AI, 빅데이터Big Data 등 새로운 ICT 기술을 기존 산업에 접목하여 산업간 융합을 통해 4차 산업혁명을 이끄는 역할을 하고 있다. 그런데 이런 차세대 사업을 시작할 때 제일 어려운 점은 과거로부터 참조할 것이 거의 없으며, 모든 것을 전부 새롭게 시작하여야 한다는 사실이다. 그게 기술이건, 사업이건, 비즈니스 모델이건 모두 새롭게 만들어나가야 한다. 그리고 이런 차세대 분야에 관해서는 임직원 모두 익숙하지도 않거니와 충분한 교육을 받지도 못한 채로 도전에 맞서게 된다.

이런 경우 어떤 사업을 왜 시작하고, 어떻게 진행해나가고, 어떻게 성과를 만들어갈 수 있는지, 왜 그런 결정을 내려야 하는지가 관건이다. 옮긴이는 이런 어려운 경영 현실을 헤쳐나갈 실마리를 이 책을 번역하면서 찾을 수 있었다. 이 책에서 배운 것을 실제 경영에 접목하면서, 임직원들을 창의적 재원으로 만들어, 차세대 사업에 더욱 능동적이고 효율적으로 도전할 수 있도록 함으로써 큰 성과를 얻고 있다.

좋은 일에는 행운이 따르는지, 이 책을 번역하는 과정에서 젊고 뛰어난 인재인 송민재 양의 도움을 받게 되었다. 송 양은 스워스모어 칼리지Swarthmore College에서 교육학, 심리학, 컴퓨터공학을 복수 전공하고 있으며, 한국어와 영어 모두에 완벽한 재원이다. 그의 전공 분야, 언어능력, 젊은 감각, 그리고 번역 의도에 대한 자발적 공감은 이 어려운 번역 작업에 더할 바 없는 큰 힘을 실어주었다. 이 책의 한국어판 출간에는 그의 노력이 매우 컸다고 해도 과언이 아니다.

이제 옮긴이로서의 바람은 단 하나다. 이 책이 사람들에게 널리 읽혀서, 한국의 미래를 짊어질 우리 젊은이들을 위한 창의융합 교육에 보탬이 되었으면 한다는 것이다. 나아가 앞으로 다가오는 4차 산업혁명 세상에서 우리나라가 이 책이 말하는 진정한 창의융합 교육을 통해 만반의 준비를 갖추길 바라며, 여름에 태어난 첫 손주 선이를 위한 선물을 준비한다는 마음으로 이 번역에 의미를 더한다.

2018년 가을
최두환

창의력과 열정은 어떻게 만들어지는가

미첼 레스닉 교수는 국내에는 주로 어린이를 위한 이미지 코딩 프로그램인 '스크래치 Scratch' 개발자로만 알려져 있지만, 피아제의 구성주의에 입각해 창의 학습의 원리를 확립한 시모어 페퍼트 Seymour Papert 교수에게 사사하였고, 일가를 이룬 뒤에도 30년이 넘도록 창의력과 학습에 관해 연구해온 세계적으로 인정받는 교육공학 권위자다. 그동안의 연구 결과를 정리한 『미첼 레스닉의 평생유치원』의 번역 출간으로 수십 년간 연구되고 검증된 창의 교육 솔루션을 한국의 독자들에게 소개하고, 그의 노력을 알릴 기회가 열려 기쁘게 생각한다.

그전에 미첼 레스닉 교수와 어떻게 만나게 되었는지를 먼저 설명해야 할 것 같다.

창업을 해 어느 정도 성공을 하기까지, 나는 운이 참 좋았다. 그중 하나가 바로 모교인 서강대에서 F 제조기라 불렸던 고^故 빌

라리얼 신부님의 프로그래밍 프로젝트를 수강할 기회가 있었다는 것이다. 또한 삼성의 대학생 창작 지원 프로그램인 삼성 소프트웨어멤버십, 그리고 정부에서 지원하는 창업보육센터 프로그램을 통해서도 도움을 받았다. 나는 이런 프로그램들을 통해 창업의 꿈을 온전히 실현할 수 있었기에, 후배들에게도 나에게 주어진 것 같은 기회가 주어지길 바랐다.

그래서 사업에서 어느 정도 성취를 이룬 몇 년 전부터 희망 스튜디오 재단을 설립해 미국 카네기멜론 대학교와 서강대학교 아트앤테크놀로지학과에서 진행하는 창작 프로젝트 수업을 위해 기부를 해왔고, 삼성 대학생 소프트웨어 멤버십의 뜻을 되살려 스마일게이트 멤버십을, 그리고 지금까지의 경험을 양분 삼아 정부 창업보육센터 업그레이드 버전인 오렌지팜을 만들어 스타트업을 지원하고 있다. 이를 통해 내가 진 마음의 부담도 덜고,

보람을 느끼는 분야에서 미력하나마 사회에 기여하고 싶었다.

희망스튜디오 재단 이사장이 되어 가장 먼저 실행한 것은 스타트업 창업육성센터인 오렌지팜과 스마일게이트멤버십이었다. 대학생 대상의 멤버십 프로그램을 몇 년간 운영하고 나니, 프로젝트를 끝까지 완수하는 데 필요한 것이 무엇인지 어렴풋하게나마 알 수 있었다. 크게 두 가지로 말할 수 있는데, 먼저 무언가를 하고자 하는 자발적이고 명확한 생각이 필요하다. 둘째로 그것을 달성하기까지 끊임없이 공급해야 할 열정이 필요하다.

당연한 이야기라고 생각할지 모르겠지만 의외로 탁월한 실행 능력을 갖춘 학생들에게서도 이런 면을 발견하기가 쉽지 않았다. 프로그램에 참가한 학생들이 도리어 무엇을 하면 좋을지 우리에게 의견을 물어오는 경우가 많았고, 프로젝트를 진행하면 당연히 한계에 부딪히게 되는데 이를 창의적인 방법으로 돌파

할 수 있는 생각과 열정을 공급할 원동력이 부족해 프로젝트를 완성하지 못하는 일도 허다했다. 이런 결과를 바탕으로 우리는 멤버십 선발 기준을 까다롭게 바꾸어보는 등 해결책을 찾기 위해 노력했다. 특히 스타트업 창업육성센터인 오렌지팜에서는 좀 더 현실적인 문제가 대두되었는데, 창업을 시도하는 젊은이들에게 관련 경험이 전무하다는 점이었다. 대부분 콘텐츠 사업에 관심을 두는데도 창작 경험이라고는 전혀 없었다. 그래서 이 프로그램 역시 창작 지원 프로그램인 대학생 멤버십 프로그램으로 먼저 창작을 경험하게 하고, 그 과정에서 두드러지는 창작 능력을 보여주는 학생들이 오렌지팜의 지원을 받을 수 있는 연결 프로그램 형태로 구성해보았다. 하지만 그럼에도 불구하고 혜택을 받는 멤버십 졸업생들은 많지 않았다.

이런 상황이 되자 머리가 복잡해지기 시작했다. 별다른 교육을 받지도 않은 어린이들은 오히려 독창적인 아이디어로 반짝거리는데, 어째서 고등교육을 우수하게 마친 대학생들에게 이런 일이 벌어지는 것일까? 우리는 오랜 고민 끝에 분명 아동기에서 청소년기를 거치는 시기에 이 문제에 관한 해답이 있을 것이라는 결론에 이르렀다. 그래서 지금부터 창의력과 열정을 가진 아이들을 키워내야만 이들이 자라서 멤버십 프로그램을 훌륭하게 이수하고, 다시 상위 프로그램인 오렌지팜 스타트업의 주역이 될 것이라는 가정 아래, 희망스튜디오의 사업에 아동·청소년 대상의 창의적 교육 프로그램을 신설했다.

그렇게 만들어진 것이 퓨처랩Future Lab의 SEED 프로그램이다. SEED 프로그램에 참여한 아이들은 한 가지 주제를 제시하면 그 안에서 스스로 프로젝트를 정해 수행한다. 이 프로그램을 운영하기 위해 우연히 MIT를 방문하는 과정에서 우리는 뜻밖의 행운으로 '스크래치의 아버지'이자 미디어랩 평생유치원 그룹의 연구 책임자 미첼 레스닉 교수를 만났다. 이 만남이 당시에는 어떤 의미인지 몰랐지만, 레스닉 교수에게 우리 SEED 프로그램을 소개하면서 그의 열렬한 지지와 따뜻한 지원을 받게 되었고, 아이들을 위한 창의적 교육 환경을 만든다는 공동의 목표를 공유하며 금세 진정한 파트너가 될 수 있었다. 이 책의 한국어판 출간 역시 이런 노력의 결과로 진행된 프로젝트 중 하나다.

내가 겪은 바로는 레스닉 교수 자신도 명백히 창의적인 인재다. 교육의 대상인 아이들에게 애정을 품고 항상 열정적으로 아이들에게 몰두하면서 그들을 존중하고 관찰할 수 있는 훌륭한 인격까지 갖추고 있다. 나는 그동안 레스닉 교수가 아이들의 창의력을 기르는 일에 왜 이런 열정을 보이는지 궁금했다. 흥미롭게도 나는 그의 열정이 어디서 나오는지를 이 책을 읽고 나서야 알게 되었는데, 그것은 단순히 교육에 대한 관심이 아닌, 아이들에 대한 사랑이다.

레스닉 교수는 미디어랩 활동 외에도 오래전부터 컴퓨터 클럽하우스를 운영하며 소외 계층 아이들에게 코딩 교육 기회를 제공해왔다. 행간에서 이런 그의 아이들에 대한 사랑을 충분히 느낄 수 있었고, 나의 경험으로 미루어볼 때, 그것이 그의 열정의 근원임을 나는 강하게 믿고 있다. 레스닉 교수에게 얻은 깨달음 덕분에 훌륭한 인재가 어떻게 만들어지는지에 대한 나의 경영 철학도 업그레이드할 수 있었다. 개인적으로 레스닉 교수에게 깊은 감명을 받았음은 물론이다. 지금도 내 마음은 그에 대한 존경심으로 가득하다.

번역이 되어 비로소 레스닉 교수의 책 『미첼 레스닉의 평생유치원』을 읽어보았으니, 나도 한국어판 출간의 수혜자다. 이 책에 내가 그동안 해온 창업, 창작, 창의 프로그램들에 어떤 문제가 있었고, 또 어떻게 그 문제를 개선해야 하는지가 모두 담겨 있다는 사실을 금방 알아볼 수 있었다. 레스닉 교수의 조언대로 아이들에게 관심사 기반의 주도적 창작 활동을 경험하게 하고, 그 과정에서 다른 친구들과 협동을, 그리고 필요한 지식을 스스로 또는 관련 교사와 함께 탐구하게 한다면, 아이들은 창의력을 기를 수 있는 충분하고 깊이 있는 경험을 얻을 수 있을 것이다. 나아가 본인의 진정한 관심사를 찾아 향후에도 그 주제를 지속적으로 깊이 있게 탐구할 수 있게 해주는 에너지원인 열정도 가질 수 있을 것이다.

이 책에는 교육 솔루션 외에도 창의력에 대한 놀라운 영감으로 가득하다. 희망스튜디오를 설립한 뒤로, 잡힐 듯 잡히지 않는 그 무언가를 찾아 한 걸음씩 내딛다 보니 여기까지 왔지만, 이제 레스닉 교수와 함께라면 앞으로의 걸음은 더욱 굳건할 것이라는 확신을 얻었다. 앞으로 SEED에 참여하는 아이들이 각자의 관심사를 찾아서 주도적으로 창작 활동을 할 수 있도록 지원해준다면 창의적인 사람으로 성장하여 추후 멤버십 창작 프로그램에서 주목받는 팀이 될 것이다. 이들의 창작물은 남다른 가치를 지닐 것이며 이를 통해 다시 주목받는 오렌지팜의 스타트업이 될 것이며, 그들의 사업 아이템도 글로벌 시장에서 괄목할 만한 사업으로 성장할 것이라고 믿는다.

다시 한 번 레스닉 교수를 통해 자라나는 세상의 아이들에 대한 사랑을 되새기고 내 아이들과 대한민국의 아이들 모두 행복하고 창의적인 아이들이 될 수 있도록 나와 우리 재단이 함께 힘을 모아야겠다는 사명감이 든다. 또한 경영 리더로서 누구보다 바쁜 일정이었음에도 흔쾌히 시간을 내어 번역에 힘써준 포스코

ICT 최두환 대표이사께 진심 어린 감사의 말씀을 드리고 싶다. 출판을 위해 땀 흘린 스마일게이트 백민정 상무에게도 수고했다는 말을 전한다.

마지막으로 우리 대한민국의 아이들이 행복해질 수 있도록 창의적인 교육 환경을 만드는 일에 일평생의 연구 경험과 조언을 아낌없이 전해준 미첼 레스닉 교수께 깊은 감사를 전한다. 앞으로도 계속해서 관심을 갖고 지켜봐주시기를 부탁드리면서.

스마일게이트 희망스튜디오 이사장
권혁빈

AI 시대의 창의성과 학습

　　　　세계 곳곳의 정부와 기업은 우리가 'AI 시대'에 진입하는 중이라고 선언하고 있다. 여러 기업이 발전된 인공지능 기술을 활용해 자연어를 이해하는 기기, 얼굴 인식 카메라, 자율주행차, 거대한 데이터베이스를 검색해 정보의 패턴을 파악하는 컴퓨터 등을 만들어내고 있다.

　이것이 오늘날의 어린 세대에 의미하는 것은 무엇일까? 어린이들이 앞으로 AI 시대에 행복한 삶, 성공한 삶을 살아가기 위해서 우리는 어떤 준비를 할 수 있을까?

　컴퓨터와 로봇이 기존에 사람이 했던 다양한 일을 대체할 것이라는 사실에는 의심의 여지가 없다. 이는 도전을 의미하기도 하지만, 한편으로는 큰 기회이기도 하다. 과거에 사람들은 일을 해내기 위해 '기계처럼', 즉 단계에 따라 규칙과 방법을 지속적으로 반복하며 많은 시간을 소비해야 했다. 그러나 컴퓨터와 로봇이 이런 작업을 상당 부분 대신하면서, 사람들은 상상력과 창의성을 요구하는 분야에 더 많이 집중할 수 있는 자유를 획득했다. 상상력과 창의성 측면에서, 사람들은 항상 기계보다 유리하다.

본격적으로 AI 시대에 접어들면 변화의 속도는 더욱 빨라질 것이다. 오늘날의 어린이는 불확실하며 예측 불가능한 미지의 상황과 끊임없이 마주할 게 틀림없다. 그런 까닭에 이 세대의 성공과 행복의 열쇠는 바로 창의적으로 생각하고 행동하는 능력에 달려 있다고 해도 과언이 아니다.

AI가 창의성에 집중하도록 '강제'하고 있다고 생각하는 사람도 있을지 모른다. 하지만 이는 기회이지 문제가 아니다. 창의적인 활동은 인생에 기쁨과 의미, 목적을 부여한다. 창의성에 집중하는 자세는 단지 경제적 측면에서만 필요한 게 아니다. 인간의 성취, 그리고 인간이 더욱 인간답게 살 수 있는 기회로 가는 여정에 반드시 필요한 요소다.

　그렇다면 어떻게 해야 어린이들이 그 어느 때보다도 창의성이 중요해지는 이 시대를 준비할 수 있도록 도울 수 있을까? 이것이 바로 이 책에서 다루는 주제다. 나는 지난 30년간 MIT 미디어랩Media Lab에서 아이들이 창의적 두뇌로 성장할 수 있도록 돕는 기술, 활동 그리고 전략을 연구했다. 바로 그 과정에서 얻은 경험을 이 책 전반에 걸쳐 다룰 것이다.

　우리의 교육은 즉각적인 변화가 필요하다. 학교 교실에서 이루어지는 수업은 물론 거실에서 게임을 하는 놀이에 이르기까지, 현재 아이들이 하는 대부분의 활동은 그들의 창의적 능력을 계발할 목적으로 설계되지 않았다. 대부분의 기술은 창의적 사고나 표현에 참여시키기 위해서가 아니라, 지식을 전달하거나 오락을 위해서 설계되었을 뿐이다.

나는 이 책에서 이와는 다른 방법을 제안한다. '창의적 학습의 4P'라고 부르는 틀, 즉 프로젝트[Project], 열정[Passion], 동료[Peers], 놀이[Play]를 통해, 학부모와 교육자들이 어린이들에게 그들의 열정을 기반으로 한 프로젝트를 친구들과의 협력을 통해 놀이하듯이 수행할 기회를 제공해야 하는 이유와 방법을 설명한다. 궁극적인 목표는 아이들이 스스로 생각하는 사람, 즉 창의적 두뇌로 성장해 그들 자신을 위한 새로운 기회와 세계의 미래를 창조할 수 있도록 하는 것이다.

또한 이 책은 스크래치[Scratch] 프로그램과 온라인 커뮤니티 등 새로운 기술을 활용해 창의적으로 사고하고 체계적으로 추론해 협력하여 일하는 방식, 즉 현대사회에서 모든 사람에게 필수적인 자질을 기르는 데 기여하는 방식을 다룬다. 스크래치 웹사이트[scratch.mit.edu]에 접속하면 아이들의 창의성이 폭발하는 수많은 사례를 찾아볼 수 있다. 매일 전 세계의 어린이가 3만 개 이상의 프로젝트를 만들고 공유한다. 나를 가장 흥분시키는 것은 프로젝트의 숫자가 아니라 애니메이션 스토리, 비디오 게임, 가상 여행, 튜토리얼, 과학 시뮬레이션, 만화, 대화형 생일 카드, 그리고 훨씬 많은 종류의 프로젝트가 보여주는 다양성과 창의성이다.

물론 기술 자체만으로는 충분하지 않다. 스크래치와 다른 신기술의 이점을 누리려면 학교 당국과 교육자들이 교육에 관한 개념을 바꾸고, 지식 전달에서 벗어나 아이들 스스로 탐험하고 실험하고 자신을 표현할 수 있는 더 많은 기회를 제공해야 한다.

몇 년 전 일이다. 아침에 일어나 스크래치 웹사이트에 접속했을 때, 내가 본 것은 30개의 동일한 프로젝트가 거의 동시에 등록되어 있는 화면이었다. 처음에는 웹사이트 소프트웨어에 '버그'가 있어서 프로젝트 하나가 여러 번 복사된 줄 알았다. 하지만 자세히 들여다보니 한국의 특정 지역에서 아이들 30명이 따로따로 등록한 프로젝트였다.

나는 곧 무슨 일이 일어났는지 예상할 수 있었다. 그 프로젝트는 한국의 한 교실에서, 선생님이 학생들에게 특정 프로젝트를 어떻게 만들어내는지 단계별로 가르쳐준 결과물이었다. 학생들은 지시를 성실하게 따랐고, 모든 학생이 해당 프로젝트를 스크래치 웹사이트에 공유했을 것이다. 그 결과 30개의 동일한 프로젝트가 연달아 나타난 장면을 내가 보게 된 것일 테고.

그 학생들은 아마도 기본적인 코딩 기술을 익히고 있었을 것이다. 하지만 그런 건 창의적 두뇌로 성장하는 방식이 아니다. 나는 이 책이 스크래치 같은 혁신적 기술을 소개하는 데 그치지 않고, 그 기술을 활용해 아이들이 창의적 두뇌로 성장하도록 돕는 혁신적인 접근 방식을 보여줄 수 있기를 바란다.

한국의 스마일게이트 재단을 만나 함께 일할 수 있게 된 것은 나에게 큰 행운이다. 처음 스마일게이트 재단을 만났을 때, 나는 한국에서 동일한 단계별 지시를 따라 스크래치 프로젝트를 만들어 제출했더라는 이야기를 꺼냈다. 사실 한국 교육의 부정적 단면에 관한 이야기를 이들에게 말하는 게 꺼려졌지만, 스마일게이트의 반응은 내 예상과 전혀 달랐다. 그들은 한국에서 진행되는 강연에서도 이런 이야기를 가감 없이 해달라고 격려해주었고, 심지어 이 책의 서문에서도 공유해달라고 부탁했다! 그들은 변화를 촉진하기 위해서는 사람들이 현재의 문제와 도전 과제를 이해할 수 있도록 깨우쳐야 한다고 설명하며, 이것이 개선점과 해결책을 만들어낼 동기를 부여하는 데 도움이 될 것이라고 했다.

나는 이 책이 변화의 씨앗을 심는 데 도움이 되기를 바란다.

사람들이나 어떤 조직이 교육과 학습에 관해 가지고 있는 개념을 바꾸기란 쉽지 않다. 변화를 일으키기 위해서는 사회 각계각층의 많은 사람들과 협력해야 한다. 이는 어려운 일이지만 그럴 만한 가치가 있다. 이 책을 읽는 당신도 이런 도전 과제에 어떻게 기여할 수 있을지 생각해보길 바란다. 나는 모든 어린이가 그들이 처한 환경에 상관없이 창의적 두뇌로 성장할 수 있는 기회를 갖고, AI 시대의 무궁무진한 가능성과 함께 눈부시게 자라날 수 있기를 꿈꾼다. 그리고 이 책을 보는 한국의 독자 여러분을 포함해, 우리가 노력한다면 반드시 그렇게 될 거라고 믿어 의심치 않는다.

미첼 레스닉

"기다려왔던 책이다. 이 책은 보석으로 가득 차 있다. 21세기에서의 교육이란 과연 어떤 모습이어야 하는가를 상상력을 자극하는 함축적이고 깊이 있는 예제들로 생생하게 보여준다. 많은 사람이 이 주제를 논했지만, 누구도 레스닉 교수처럼 정면으로 돌파하지는 못했다."

— 존 실리 브라운John Seely Brown, 제록스 PARC 소장

"당신이 학부모이건, 교육자이건, 연구자이건 이 책을 읽고 희열을 느낄 것이다. MIT 평생유치원 연구 그룹의 설립자이고 스크래치 프로그래밍 언어의 창시자인 레스닉 교수는 '창의적 사고'에 관한 풍부한 학문적 지식을 보여주었을 뿐만 아니라, 전 세계 청소년의 실천과 경험을 통해 이를 실제로 살아 움직이게 만들었다."

— 마가렛 허니Margaret Honey, 뉴욕과학관NYSCI 대표이사

"레스닉 교수는 창조적 사고의 원천을 공부하는 우리에게는 영감 그 자체였다. 이 책은 21세기에 필요한 사항을 학교에서 가르치는 교육자라면 꼭 읽어야 할 책이다. 학부모이건, 기업가이건, 예술가이건, 일이나 놀이에 있어서 창의적 생각을 염두에 둔 사람 모두에게 필수적인 내용을 담고 있다."

— 스티븐 존슨Steven Johnson, 『탁월한 아이디어는 어디에서 오는가』 저자

제1장

창의적 학습

2013년 8월 23일, 나는 중국 일류 공과대학인 칭화대학교 총장을 만났다. 내가 MIT 교수이고 칭화대는 중국의 MIT로 알려져 있기 때문에, 우리 두 사람이 만나는 것은 별로 놀라운 일이 아니다. 아마 우리가 만난 장소가 더 놀라울 수 있는데, 그곳은 다름 아닌 덴마크 장난감 회사 레고 그룹 본사였다.

중국 정부는 중국의 범국가적 대학교육 개혁을 칭화대가 주도하도록 했다. 칭화대 천지닝陳吉寧 총장은 교육과 학습에 대한 새로운 접근 방안을 찾고자 레고 그룹을 방문했다. 그는 중국이 단지 대학교육뿐만 아니라, 유아교육에서부터 전 교육 시스템에 걸쳐 심각한 문제에 직면하고 있다고 말했다. 중국 사회는 진화하고 있는데, 중국 교육 시스템이 이에 대비할 인재를 제대로 육성하지 못하고 있다는 것이다.

이런 문제는 학생들의 성적이나 시험 점수에서는 잘 드러나지 않는다. 기존 방식에 따라 평가하면 중국 학생들은 잘하고 있는 것처럼 보인다. 칭화대를 보아도, 대부분의 학생은 초등학교부터 고등학교까지 우수한 성적을 받아왔고, 그중 많은 학생들은 칭화대에 와서도 계속 A학점을 받는다. 천 총장은 이들을 'A형' 학생이라 부른다.

그런데 천 총장은 다른 무언가가 필요하다고 느꼈다. 많은 A형 학생들이 좋은 성적을 올리고 높은 시험 점수를 받고 있기는 하지만, 오늘날 사회에서 성공하는 데 필요한 창의적이고 혁신적인 마인드를 갖추고 있지는 않다고 느꼈다. 천 총장은 이제 중국에 새로운 유형의 학생이 필요하다고 주장하며, 이들을 'X형' 학생이라 부른다. 천 총장에 따르면, X형 학생들은 기꺼이 위험을 감수하고 새로운 것을 시도한다. 그들은 단순히 교과서에 제시된 과제를 풀기보다는 자기 자신이 직접 문제를 정의하는 데 더 열중한다. 이처럼 혁신적 아이디어를 바탕으로 새로운 창의적 방향을 제시하는 학생이 바로 X형 학생이다.

천 총장은 칭화대의 최우선 과제는 중국 사회를 위해서 더 많은 X형 학생을 배출하는 것이라면서, 앞으로 그런 인재를 끌어모으고 격려하며 뒷받침할 수 있도록 칭화대를 탈바꿈시키고 싶어 했다. 그는 이런 목표를 이루는 데 동반자가 될 수 있다는 생각에서 직접 레고 그룹을 방문했다. 거기에서 레고 브릭을 가지고 즐겁게 놀고 있는 아이들을 보면서, X형 사고력을 키워가는 아이들의 모습을 목격했다. 아이들은 끊임없이 경계를 탐험하고, 실험하고, 시험하면서 창의적 두뇌Creative thinker로 성장하고 있었다. 그는 이런 사고력을 칭화대에서도 키울 수 있는 방법을 찾고 싶었다.

천 총장은 중국의 학교와 학생에 관해 이야기했지만, 상황은 전 세계적으로도 비슷하다. 대부분의 나라에서 대부분의 학교는 학생들이 자신의 생각, 목표 그리고 전략을 개발해서 그들이 X형 학생이 되도록 도와주기보다는, 정해진 지침과 규정에 따라 가르쳐서 그들이 그냥 우수한 A형 학생에 머물게 하는 데 더 주력한다. 전 세계 교육 시스템의 이러한 목표와 접근 방식은 지난 세기 동안 크게 변하지 않았다. 하지만 천 총장처럼 변화의 필요성을 느끼는 사람들이 점점 많아지기 시작했다.

교육에 이런 변화가 필요한 데는 경제와 관련된 이유도 있다.

오늘날의 직장은 급진적 변화를 겪고 있다. 컴퓨터와 로봇이 틀에 박힌 일상적 업무를(심지어 비일상적 업무까지도) 대체하게 되면서 많은 직업이 사라져가고 있다. 새로운 기술, 새로운 정보, 새로운 통신 채널이 지속적으로 밀려오면서 사람과 일터 또한 이에 맞추어 적응해나가야 한다. 그런 까닭에 거의 모든 직업이 변화하고 있다. 캐시 데이비슨^{Cathy Davidson}은 『이제는 보인다^{Now You See It}』라는 책에서 오늘날 초등학생 중 약 3분의 2는 앞으로 아직 생겨나지도 않은 일을 하게 될 것이라고 추정한다. 이처럼 급변하는 환경을 잘 헤쳐나가기 위해서는 창의적으로 생각하고 행동하는 능력이 그 어느 때보다 중요하다.

삶의 모든 면과 모든 활동에서 이런 변화가 가속화되고 있기 때문에, 단지 직장에서만 창의적 사고가 필요한 것이 아니다. 오늘날 아이들은 그들이 사는 동안 예상치 못했던 여러 새로운 상황에 직면할 것이다. 그래서 단지 직장생활뿐 아니라, 개인생활과 사회생활에서도 불확실성과 변화에 창의적으로 대응하는 방법을 배워야 한다. 예를 들면, 개인적으로는 변화하는 소셜네트워크 시대에서 어떻게 친목관계를 형성하고 유지할 것인가를 배워야 하고, 시민으로서는 변화하는 공동체에 어떻게 의미 있게 참여할지를 배워야 한다.

어떻게 하면 우리 아이들을 창의적 두뇌로 성장시켜, 끊임없이 변화하는 세상에서 그들이 앞으로의 삶을 제대로 준비하도록 도울 수 있을까? 이것이 이 책의 핵심 질문이며, 지난 30년간 내 삶과 일에 동기를 부여한 질문이기도 하다.

운 좋게도 나는 새로운 아이디어를 탐구하고 새로운 가능성을 찾아나가는 X형 학생과 X형 연구원으로 가득한 MIT 미디어랩에서 일할 수 있었다. 이 같은 좋은 환경에서 일할 수 있다는 것은 너무나 감사한 일이지만, 이런 기회와 영감을 접할 수 있는 좋은 환경이 세계의 다른 곳에는 거의 없다는 사실이 상당히 당황스러웠다. 그런 까닭에 내 목표는 미디어랩의 창의와 혁신 정신을 전 세계 아이들에게 심어줌으로써, 그들 또한 X형 사고를 하는 사람들로 성장시키는 것이다.

이런 목표를 위해 미디어랩에서 우리 연구 그룹은 아이들이 '창의적 학습 경험Creative Learning Experience'에 쉽게 참여할 수 있도록 도와주는 새로운 기술과 활동을 개발하는 데 중점을 두고 있다. 우리 연구 그룹은 레고 그룹과 30년 이상 협력하여 차세대 레고 조립 키트를 개발했으며, 칭화대 같은 새로운 파트너와 함께 '놀이 학습Playful Learning' 방법을 전파하고 있다. 또한 스크래치 프로그래밍 언어와 온라인 커뮤니티를 개발해 전 세계 수백만 명의 아이들이 자신이 직접 만든 상호대화형 이야기, 게임, 애니메이션을 제작하고 공유할 수 있도록 했다. 방과후 학습 센터인 '컴퓨터 클럽하우스Computer Clubhouse' 네트워크 구축에도 기여하여, 저소득층 청소년들에게 새로운 기술을 활용해 자기를 창의적으로 표현하는 방법을 가르쳐왔다.

이들 프로젝트를 진행하는 과정에서 얻은 경험과 교훈을 바탕으로, 이 책에서는 창의적 사고가 오늘날 왜 중요한지를 보여주는 사례를 소개하고, 청소년들을 창의적으로 성장시키는 방법을 공유하고자 한다. 그리고 어떻게 창의적 사고를 하도록 도울지를 살펴보겠다.

이 책은 자녀에게 어떤 장난감을 사주고 어떤 활동을 시켜야 할지 고민하는 학부모이든, 새로운 학습 방법을 모색하는 교육자이든, 새로운 교육 제도를 시도하는 학교 관리자이든, 어린이를 위한 새로운 제품이나 서비스를 만드는 디자이너이든, 또는 단순히 어린이나 학습이나 창의성에 호기심을 가진 사람이든 누구를 막론하고, '어린이' '학습' '창의성'에 관심을 가진 모두를 대상으로 썼다.

새로운 기술이 아이들 삶에 미치는 영향에 관심 있는 사람이라면 누구나 이 책에 많은 흥미를 느낄 것이라 기대한다. 나는 아이들을 위한 신기술 개발에 적극적으로 참여해왔다. 하지만 많은 기술이 깊은 생각 없이 아이들의 삶에 마구 개입하는 데 회의적이며 걱정스러워하고 있다. 알다시피 지금의 많은 아동용 애플리케이션과 최첨단 장난감은 창의적 사고력을 키우거나 지원하려 설계되지 않았다. 이 책에서는 그와는 다른 비전을 제시한다. 신기술을 제대로 설계하고, 이것을 적절한 지원과 함께 아이들에게 제공한다면, 다양한 배경을 가진 모든 아이들에게 실험하고, 탐구하고, 자기 자신을 표현할 수 있는 더 많은 기회를 제공할 수 있다. 이 책은 이런 과정을 통해 아이들을 어떻게 창의적 두뇌로 성장시킬 수 있을지에 주안점을 두고 있다.

내 궁극적 목표는 자신과 공동체를 위한 새로운 가능성을 끊임없이 개발하는 창의적 X형 사람들로 가득 찬 세상을 만드는 것이다. 지금은 과거 어느 때보다 창의적 사고가 필요하며, 새로운 기술을 바탕으로 아이들을 창의적 두뇌로 성장시키는 새로운 방법이 필요하다. 그런 까닭에 이 책의 발간은 시의적절하다고 생각한다. 나아가, 이 책이 주장하는 핵심 메시지 또한 영원하다고 믿는다. 창의적 사고는 언제나 삶을 가치 있게 만들어주는 중심 요소였으며, 앞으로도 그럴 것이다. 창의적 두뇌로서의 삶은 경제적 보상뿐만 아니라, 삶에 대한 기쁨, 성취감, 목적, 그리고

의미를 제공한다. 커가는 우리 아이들은 그들의 삶에 있어서 적
어도 이 정도는 마땅히 보장받아야 한다.

평생
유치원

2000년이 되는 해에, 나는 지난 천 년의 가장 위대한 발명품이 무엇이었는지 논하는 학회에 참석한 적이 있다. 어떤 사람들은 가장 위대한 발명품으로 인쇄기를, 다른 사람들은 증기기관, 전구, 컴퓨터를 꼽았다. 하지만 내 생각은 달랐다. 내가 생각하는 지난 천 년의 가장 위대한 발명품은 바로 '유치원'이었다.

많은 사람이 유치원을 중요한 발명품으로 여기기는커녕 발명품 자체로도 여기지 않기에 이런 견해는 다소 놀라울 수 있다. 하지만 유치원이라는 개념은 만들어진 지 채 200년이 되지 않은 비교적 새로운 발상으로, 이전 교육 방식으로부터의 탈피를 대변한다. 프리드리히 프뢰벨Friedrich Froebel이 1837년 독일에서 처음 유치원을 열었을 때, 이것은 단순히 어린아이들을 위한 학교가 아니었다. 기존 학교 형태와는 근본적으로 다른, 교육에 대한 완전히 새로운 접근 방식에 기초를 두고 있었다.

프뢰벨이 당시에 의도한 바는 아니었겠지만, 그는 사실 21세기에 필요한 가장 적합한 교육 방법을 그때 발명하고 있었던 것이다. 이것은 단지 5세 아동뿐만 아니라 모든 연령의 학습자에게도 적합한 교육 방식이었다. 어떻게 하면 사람들이 창의성을 개발하도록 도울 수 있을까? 이 방법을 찾던 나는 아이들이 유치원에서 배우는 방식에서 많은 영감을 얻었다. 그래서 '평생유치원 Lifelong Kindergarten'이라는 용어를 이 책의 제목으로 쓸 뿐만 아니라, 내가 이끄는 MIT 연구 그룹 이름으로도 사용하게 되었다. 오늘날 급변하는 사회를 헤쳐나가기 위해서는 어떤 연령대에서든 창의적 역량을 개발해야 하며, 이를 돕기 위해 꼭 필요한 것이 바로 유치원 방식의 학습이라고 확신한다.

프뢰벨이 1837년에 첫 번째 유치원을 발명하기 전, 대부분의 학교는 선생님이 교실 앞에 서서 지식을 전달하는 강의형 교육 방식에 기반을 두었다. 학생들은 자리에 앉아서 선생님이 전해주는 정보를 글자 그대로 하나하나 받아 적기에 바빴으며, 가끔

필기한 내용을 다시 읽어보는 정도에 그쳤다. 수업 중 토론은 거의 일어나지 않았다.

프뢰벨은 이런 기존 교육 방법이 5세 아동에게는 효과가 없으며, 어린아이들은 주변과 직접 교감할 때 가장 잘 배운다는 사실을 발견했다. 그래서 프뢰벨은 최초의 유치원을 설립하면서 기존 '강의형 교육 모델'에서 벗어난 '교감형 교육 모델'을 도입하고, 아이들에게 장난감과 공작 재료, 기타 다양한 물건과 교감할 수 있는 기회를 제공했다. 하지만 당시의 장난감과 재료에 만족할 수 없었던 프뢰벨은 그의 새로운 유치원이 지향하는 목표에 도움이 될 새로운 유형의 장난감을 만들기 시작했다.

프뢰벨은 총 20개의 장난감을 만들었는데, 이는 훗날 '프뢰벨의 선물'*로 알려진다. 유치원생들은 프뢰벨의 기하학적 타일로 조각 마룻바닥에서 볼 수 있는 모자이크 무늬를 만들고, 프뢰벨의 블록으로는 탑과 건물을 만들었고, 프뢰벨의 색종이로는 종이접기 기술을 적용해 다양한 모양과 무늬를 만들었다. 프뢰벨의 막대와 이 막대를 꽂을 수 있는 구로 3차원 구조물을 만들 수도 있었다.

* 우리나라에서는 '프뢰벨 은물' 혹은 '가베'로 불린다.

프뢰벨이 이런 도구를 만든 이유는 아이들이 세상에서 마주치는 모양, 패턴 그리고 대칭성 등을 쉽게 이해하도록 돕기 위해서였다. 프뢰벨은 유치원생들이 주변 사물을 더 잘 이해하기를 원했으며, 그러기 위한 가장 좋은 방법은 아이들이 자기 손과 눈으로 세상을 재창조해보는 것이라는 점을 깨달았다. 이 '재창조를 통한 이해'를 돕는 것이 바로 그가 '프뢰벨의 선물'을 만든 궁극적 이유이다.

그는 또한 레크리에이션recreation과 재창조re-creation 사이의 관계를 잘 알고 있었다. 유치원생들을 보면 재미있고 상상력이 요구되는 활동을 할 때 무엇인가를 가장 많이 창작하고 만들어보려 시도한다. 그래서 프뢰벨은 장난감을 만들 때 구조적이고 체계적이면서도 동시에 재미를 느낄 수 있도록 설계했다. '프뢰벨의 선물'은 예술과 디자인을 과학과 엔지니어링에 융합함으로써 많은 경계를 허물었고, 그렇게 함으로써 아이들에게 창의적 사고와 창의적 표현이 가능한 환경을 제공했다.

이런 프뢰벨의 아이디어와 장난감은 독일을 시작으로 유럽을 거쳐서 미국에서까지 큰 주목을 받았으며, 다른 교육 이론가들에게도 깊은 영향을 주었다. 예를 들어, 가지고 놀 수 있는 물체를 통해서 아이들의 감각을 자극하는 것이 아이들 교육에 매우 중요하다는 마리아 몬테소리^{Maria Montessori}의 이론은 바로 프뢰벨의 아이디어에 바탕을 두고 있다. 몬테소리라는 이름을 단 학교들은 프뢰벨과 그의 아이디어에 빚을 지고 있는 셈이다.

노먼 브로스터먼^{Norman Brosterman}은 그의 저명한 책『유치원의 발명^{Inventing Kindergarten}』에서 유치원과 '프뢰벨의 선물'이 20세기의 문화와 창의성에 끼친 영향에 대해 쓰고 있다. 20세기를 대표하는 예술가와 디자이너 가운데 상당수는 유치원에서의 경험이 나중에 창의성을 발휘하는 토대가 되었다고 말한다. 예를 들면, 유명한 건축가 버크민스터 풀러^{Buckminster Fuller}는 유치원에서 종종 프뢰벨의 막대와 구를 사용해 삼각형 구조를 만들어보곤 했는데, 이 경험이 나중에 그의 상징적 구조물인 '지오데식 돔^{Geodesic dome}'*을 만드는 기초가 되었다고 말한다. 마찬가지로 프랭크 로이드 라이트^{Frank Lloyd Wright}도 '프뢰벨의 선물'을 가지고 놀았던 유년 시절의 경험이 훗날 그가 만든 건축물의 기반이 되었다고 고백한다.

장난감 회사와 놀이용 교육용품을 만드는 회사들 역시 프뢰벨의 아이디어에서 많은 영감을 받았다. 나무 블록, 레고 브릭,

---

* 삼각형 모양의 조각으로 만드는 반구형 구조물.

퀴즈네르 막대*, 패턴 블록, 팅커토이** 등은 모두 '프뢰벨의 선물'을 잇는 후예라고 볼 수 있다.

전 세계 많은 유치원에서 여전히 프뢰벨의 영향력이 느껴지는 한편으로, 자못 우려되는 추세도 생겨나고 있다. 오늘날 많은 유치원이 아이들에게 수학 학습지를 풀게 하고 영어 낱말카드를 연습시키는 데 많은 시간을 할애하고 있다. 이렇게 유치원들이 놀이탐구 시간을 줄이고 조기 교육을 강조하는 모습을 보면서, 어떤 사람들은 오늘날의 유치원을 '조기 교육훈련소'라고 부른다.

2014년 3월 23일 《워싱턴 포스트Washington Post》는 오랫동안 유치원 선생님으로 아이들을 가르치다가 사직을 결정한 수잔 슬뤼터Susan Sluyter에 관한 이야기를 기사로 실었다. 슬뤼터는 자신의 결정을 다음과 같이 설명했다.

"제가 25년 전 처음 아이들을 가르치기 시작했을 때, 유치원은 만져보고 탐구하는 장소이자 배움에 대한 기쁨과 사랑으로 넘쳐나는 곳

* 서로 다른 색깔과 크기로 된 직육면체 막대로 구성된 교구로, 덧셈, 뺄셈, 곱셈, 나눗셈뿐만 아니라 약수와 배수, 분수의 덧셈과 뺄셈을 할 수 있으며, 길이를 측정하고 넓이와 부피를 구할 수 있다.
** 나무 막대기, 바퀴, 못 등의 재료를 활용해 여러 가지 모양을 만들 수 있는 장난감.

이었어요. 하지만 점점 시험과 평가, 경쟁과 처벌을 중시하는 시대가 되면서, 요즘은 교실에서 배움의 기쁨을 찾기가 어려워졌죠.

놀이시간을 줄이고 유치원생들을 더 많이 공부시켜야 한다는 주장이 국가적으로 힘을 얻으면서, 전국의 많은 유치원에서 모래판, 블록 놀이터, 연극 공간, 공작 센터 등을 더 이상 찾아볼 수 없게 되었어요. 모든 아동 전문가가 4~6세 아이들은 놀이를 통해서 많은 것을 배운다고 지속적으로 발표하고 있는 사실을 고려할 때, 이런 변화는 분명 잘못된 방향입니다."

요컨대 요즘 유치원은 점점 더 일반 학교와 비슷해지고 있다. 하지만 나는 이 책에서 정반대를 주장한다. 나는 오히려 모든 학교, 그리고 모든 생활의 터전이 진정한 유치원처럼 변해야 한다고 생각한다.

창의적 학습의
나선형 선순환

유치원에서 이루어지는 학습 방법은 무엇이 특별할까? 어째서 나는 그게 모든 연령대의 학습자에게 좋은 교육 모델이라고 생각하는 걸까?

유치원 학습 방법을 제대로 이해하려면 유치원에서 이루어지는 일반적인 활동에 대하여 생각해보아야 한다. 나무 블록을 가지고 바닥에서 놀고 있는 유치원생들을 한번 상상해보자. 아이 두 명이 이전에 선생님이 읽어준 동화에서 영감을 받아 성을 쌓기 시작한다. 아이들은 먼저 성의 기초를 튼튼히 쌓은 다음 그 위에 전망대를 세운다. 아이들이 더 많은 블록을 쌓을수록 성은 더 높아지고, 나중에는 성의 끝이 기울어져 성이 무너진다. 아이들은 다시 성을 쌓으며, 더 튼튼한 성을 만들고자 한다. 그러는 동안 여자아이 하나가 성 내부에 사는 가족에 관한 이야기를 만들기 시작하고, 또 다른 여자아이가 그 이야기를 확장해 새로운 인물을 추가한다. 두 아이는 계속 주거니 받거니 하며 이야기를 이끌어간다. 성은 점점 높아지고, 이와 함께 아이들이 만든 이야기도 계속해서 커진다.

이렇듯 유치원 아이들은 놀면서 많은 것을 배운다. 아이들은 성을 쌓으면서 입체적 구조와 안정성에 대해 더 잘 이해하게 된다. 이야기를 만들면서 이야기의 구성과 등장인물에 대해서도 더 잘 이해하게 된다. 가장 중요한 것은 창의적 과정에 대해 배우면서, 창의적 두뇌로 성장하기 시작한다는 사실이다.

나는 창의적 학습의 선순환이란 관점에서 창의적 과정을 이해하고자 한다. 유치원 아이들은 블록을 가지고 놀고, 성을 쌓고, 이야기를 만들면서, 창의적 과정의 모든 요소에 참여한다.

상상 앞의 사례에서, 아이들은 환상의 성과 그 안에 사는 가족을 상상하기 시작한다.

창작 상상하는 것만으로는 충분하지 않다. 아이들은 아이디어를 실행에 옮겨서 성을 쌓고 탑을 쌓고 이야기를 만든다.

놀이 아이들은 끊임없이 이런저런 방식을 시도하며 더 높은 탑을 쌓고, 이야기에도 새로운 사건을 추가로 집어넣으려 한다.

공유 한 그룹의 아이들이 함께 성을 쌓는 동안, 다른 그룹의 아이들은 함께 이야기를 만들어가고, 두 그룹이 서로 아이디어를 공유해나간다. 그래서 성에 새로운 무엇이 추가될 때마다 새로운 이야기가 나오는가 하면, 새로운 이야기가 나올 때마다 성에 새로운 무언가가 추가된다.

생각 성이 무너지면 선생님이 다가와서 아이들에게 왜 성이 무너졌는지를 생각해보도록 한다. 어떻게 하면 더 안정된 탑을 만들 수 있을지 생각하도록 고층 건물의 사진을 보여주면, 아이들은 고층 건물 바닥이 꼭대기보다 넓다는 사실을 알게 된다. 아이들은 이전보다 바닥을 더 넓게 만들어 탑을 다시 쌓기로 한다.

상상 이런 경험을 바탕으로 선순환이 시작된다. 아이들은 새로운 아이디어와 새로운 방향을 다시 상상하기 시작한다. 성 주변에 마을을 만들거나, 마을 생활에 관한 인형극을 만들어보기도 한다.

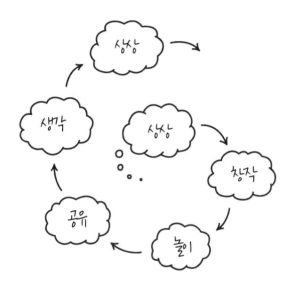

유치원에서는 이런 창의적 학습의 선순환이 반복해서 일어나야 한다. 만드는 재료(나무 블록, 크레용, 반짝이, 종이)나 만드는 대상(성, 이야기, 그림, 노래)이 바뀔지라도 핵심 과정은 동일하다.

창의적 학습의 선순환은 창의적 사고의 원동력이다. 아이들은 선순환 과정을 겪으면서 창의적 두뇌가 되기 위한 능력을 개발하고 다듬어나간다. 유치원 아이들은 새로운 아이디어를 생각하고, 그것을 시도하고, 대안을 실험하고, 다른 사람의 의견을 듣고, 이 경험을 바탕으로 다시 새로운 아이디어를 창출하는 방법을 배운다.

유감스럽게도, 유치원 이후의 학교에서 창의적 학습의 선순환이 일어나는 것은 거의 보기 어렵다. 학생들은 책상에 앉아서 선생님이나 컴퓨터가 하는 강의를 듣고, 문제지에 답을 채워나가는 데 대부분의 시간을 쓴다. 학교는 학생들의 창의적 학습 과정을 지원하기보다는, 지식과 정보 전달에만 지나칠 정도로 치중한다.

하지만 교육이 이런 방식으로 이루어져야만 하는 것은 결코 아니다. 신기술의 창의적 활용을 연구하는 MIT 미디어랩 대학원 프로그램은 유치원과 같은 방식을 택한다. 미디어랩 대학원 생들은 교실에서 적은 시간을 보내는 대신에, 창의적 학습의 선순환이 이루어지도록 다양한 프로젝트를 맡아 수행하는 데 많은 시간을 보낸다. 어떤 학생들은 새로운 유형으로 음악을 표현하게 만드는 대화형 악기를 디자인하고, 어떤 학생들은 팔다리를 잃은 사람들을 위한 보철 장치를 개발한다. 프로젝트는 각각 다르지만 설계 과정은 모두 비슷하다. 학생들은 시제품을 신속하게 만들어 그것을 시연해보고 다른 학생들과 공유하며, 그 과정에서 배운 것을 되돌아본다. 그러고는 다음 버전의 시제품을 상상하면서 다시 한 번 창의적 학습의 선순환을 거치고, 계속해서 이런 선순환을 반복한다.

물론 미디어랩 학생들은 유치원 아이들과는 다른 도구와 기술을 사용한다. 미디어랩 학생들은 손가락 페인트와 나무 블록이 아닌 마이크로 컨트롤러*와 레이저 절단기**를 사용한다. 하지만 창의적 학습의 선순환 과정은 동일하다. 나는 MIT 미디어랩이 창의성과 혁신에 관해 전 세계에서 인정받고 있는 이유가 바로 창의적 학습의 선순환에 기초를 둔 이런 프로젝트 기반 학습 방식이라고 믿어 의심치 않는다.

이렇게 유치원과 MIT 미디어랩에서 모두 성공을 거둔 '창의적 학습의 선순환' 방식을 전 세계에서 뿌리 내리도록 하려면 어떻게 해야 할까?

---

* 마이크로프로세서와 입출력 모듈을 하나의 칩으로 만들어 정해진 기능을 수행하는 컴퓨터.
** 레이저를 이용해 금속과 비금속 등의 소재를 형틀 없이 다양한 모양으로 잘라 제작할 수 있는 디지털 장비.

2007년에 내 MIT 연구 그룹은 스크래치 프로그래밍 언어를 출시했다. 지난 10년 동안 전 세계 수천만 명의 아이들이 스크래치를 사용해서 자신만의 대화형 스토리와 게임, 애니메이션을 만들고, 그것들을 스크래치 온라인 커뮤니티 scratch.mit.edu에서 서로 공유해왔다.

2007년 그때, 스크래치를 처음 시도했던 아이들 중 한 명이 '마호애슐리MahoAshley'라는 사용자 이름을 쓰는 캘리포니아 주 출신의 11살 난 소녀였다. 그녀의 최대 관심사는 화려한 그래픽과

생생한 캐릭터가 특징적인 일본 아니메*였다. 마호애슐리는 아니메 캐릭터를 그리는 것을 좋아했는데, 스크래치를 사용하면 그 작업을 더 잘할 수 있다는 걸 발견했다. 그녀는 평소처럼 아니메 캐릭터를 그냥 그리기보다는 스크래치를 이용해 아니메 캐릭터를 살아 움직이게 만들었다. 스크래치 프로그래밍 블록을 조합함으로써 마호애슐리는 그녀의 아니메 캐릭터가 움직이고, 춤추고, 말하고, 노래하게 만들었다.

마호애슐리는 그녀의 아니메 캐릭터들이 등장하는 만화 이야기를 프로그래밍하기 시작했고, 스크래치 웹사이트에서 자기가 만든 애니메이션을 공유했다. 스크래치 커뮤니티의 다른 회원들은 그녀의 프로젝트에 열광했다. "어떻게 하면 사이다병이 투명하게 보이게 할 수 있나요?"처럼 특정 시각 효과를 얻는 방법을 묻기도 했으며, "하느님 맙소사, 너무 좋아요!" 같은 열정적인 환호를 보내기도 했다. 신이 난 마호애슐리는 텔레비전 시리즈의 에피소드처럼 정기적으로 스크래치 프로젝트를 만들고 공유하기 시작했다. 스크래치 커뮤니티의 마호애슐리 팬들은 그녀의 새 에피소드가 올라오기를 손꼽아 기다렸다.

◆　일본 애니메이션을 줄여서 부르는 말로, 세계적인 고유명사가 되었다.

마호애슐리는 가끔 그녀의 시리즈에 새로운 캐릭터를 추가했다. 그러던 어느 날, 그녀는 스크래치 커뮤니티 구성원 모두를 이 과정에 참여시키면 어떨까 하는 생각을 하게 되었다. 그녀는 기존 캐릭터의 자매가 될 새로운 캐릭터를 디자인하는 콘테스트를 하나의 새 스크래치 프로젝트로 만들어서 개최했다. 이 프로젝트에서 그녀는 '머리 색깔은 빨간색이나 파란색이어야 한다'라거나 '고양이 귀나 양의 뿔, 또는 이 둘 모두가 있어야 한다' 등 캐릭터가 갖추어야 할 조건을 제시했다.

이 프로젝트에는 100개 이상의 댓글이 달리고 수십 개의 응모작이 나왔다. 이 가운데는 콘테스트 참가를 원하지만 아니메 캐릭터 그리는 방법을 모른다는 회원의 댓글도 있었다. 그러자 그녀는 아니메 캐릭터를 그리고 색칠하는 13단계 과정을 쉽게 보여주는 단계별 설명서인 튜토리얼Tutorial*을 작성하는 또 다른 스크래치 프로젝트도 시작했다.

1년 동안 마호애슐리는 스토리, 콘테스트, 튜토리얼 등 200개 이상의 다양한 스크래치 프로젝트를 프로그래밍하고 공유했다. 이 과정에서 그녀의 프로그래밍 기술과 예술적 기술은 나날이

---

* 하드웨어나 소프트웨어를 가동하는 데 관련된 안내를 기술한 사용 지침 프로그램이나 교재.

발전했다. 모두 1만 2,000개가 넘는 댓글을 받은 그녀의 프로젝트는 스크래치 커뮤니티에 크게 울려 펴졌다.

마호애슐리는 스크래치를 사용하기 전에는 컴퓨터 프로그램을 한 적이 한 번도 없었다. 그녀는 스크래치로 작업하면서 이전에는 몰랐던 컴퓨터과학 개념과 기술에 대해 배워가고 있었던 것이다. 그러나 내 생각에 마호애슐리가 스크래치를 체험하면서 이런 지식을 배웠다는 사실보다 더 중요한 게 있다. 바로 그녀가 이런 경험을 통해서 창의적 두뇌로 발전하고 있었다는 점이다. 마호애슐리는 상상하고, 창작하고, 만들어보고, 공유하고, 생각하고, 그리고 다시 상상하면서 창의적 학습의 선순환을 반복하고 있었다.

마호애슐리는 새롭고 익숙하지 않은 환경을 헤쳐나가는 방법뿐만 아니라, 아이디어를 프로젝트로 만드는 방법과 그 새로운 유형의 프로젝트를 실험하는 방법을 배웠다. 또한 다른 사람들과 협력하는 방법을 배우고, 다른 사람의 의견을 자신의 작업에 수용하는 방법도 배웠다. 이 모두 창의적 두뇌가 가져야 할 특성이다.

어떻게 하면 이런 창의적 학습 경험을 장려하고 지원할 수 있을까? 내 MIT 연구 그룹은 아이들을 창의적 두뇌로 성장시키기 위한 네 가지 교육지침인 '창의적 학습의 4P'를 개발했다. 이것은 프로젝트[Projects], 열정[Passion], 동료[Peers], 놀이[Play]로 구성된다. 요약하면, 우리 연구 그룹은 창의성을 키우는 가장 좋은 방법이란 아이들이 '놀이'하는 것처럼 즐거운 마음으로 '동료'들과 협력하여 '프로젝트'에 '열정'을 가지고 빠져들도록 지원하는 것이라고 믿고 있다.

스크래치의 지속적인 개발은 이런 '창의적 학습의 4P'에 기반을 두고 있다.

프로젝트 프로젝트를 만드는 것이 스크래치 커뮤니티의 중심 활동이다. 마호애슐리는 스크래치로 프로젝트를 만들고 이를 통해 창의적 학습의 선순환을 경험했으며, 그러면서 창의적 과정을 더 깊이 이해할 수 있었다.

열정 사람들은 자기가 좋아하는 프로젝트를 할 때 더 오래 더 열심히 한다. 스크래치는 다양한 유형의 프로젝트(게임, 스토리, 애니메이션 등)를 지원함으로써 모든 사람이 자기가 하고 싶어 하는 유형의 프로젝트를 하게 해준다. 마호애슐리는 그녀의 아니메 열정과 이어진 프로젝트를 할 수 있었고, 새로운 아이디어가 떠오르면서 새로운 프로젝트(콘테스트, 튜토리얼)도 할 수 있었다.

동료 창의성이란 사람들이 협력하고 공유하면서, 서로 함께 더 쌓아나가는 사회적 과정이다. 스크래치는 프로그래밍을 온라인 커뮤니티와 통합함으로써 자연스럽게 사회적 상호작용을 할 수 있도록 설계되었다. 마호애슐리는 튜토리얼 프로젝트를 통해 커뮤니티와 지식을 공유하고, 시합을 열고, 댓글을 통해 다른 회원들의 의견을 묻는 등 스크래치의 사회적 측면을 최대로 활용했다.

놀이 스크래치는 창의성에 도달하는 징검다리로서, 아이들이 재미있게 실험할 수 있도록 지원하며, 위험을 감수하고 새로운 것을 시도해보도록 장려한다. 마호애슐리는 새로운 프로젝트뿐만 아니라 커뮤니티와 교류하는 새로운 방식을 지속적으로 실험하면서, 이 재미나는 정신을 직접 실천했다.

창의적 학습의 4P는 새롭고 급진적인 발상이 아니다. 이것은 전 세계 많은 연구자들이 수십 년간 진행한 연구에 바탕을 두고 있다. 또한 이 4P는 내 연구의 방향을 잡아주는 생각의 틀이다. 내 연구 그룹은 새로운 기술과 활동을 개발하면서 언제나 프로젝트, 열정, 동료, 놀이라는 4P를 염두에 둔다.

이 4P는 대학의 연구자만을 위한 것이 아니다. 교사와 학부모를 비롯해 창의적 학습에 관심 있는 모두를 위한 유용한 생각의 틀이 될 수도 있다. 이 책에서는 이 창의성의 네 가지 요소를 각 장에서 따로따로 깊이 다룰 것이다.

존 레논John Lennon이 그의 노래 '기브 피스 어 챈스Give Peace a Chance'에서 '평화에 기회'를 주자고 주장했듯이, 나는 이 책에서 창의적 학습의 네 가지 요소인 '4P에 기회'를 주자고 주장한다. 그의 노래를 함부로 인용한 데 대해서는 존 레논에게 심심한 사과의 말씀을 드린다.

무엇이 창의성이고, 무엇이 아닌가

오늘날 사회에서 창의적 사고의 가치와 중요성에 대해 모두가 동의하는 것은 아니다. 그런 까닭의 일부는 창의성이 무엇인지에 대한 일치된 공감대가 부족하기 때문이다. 사람들은 창의성에 대해서 서로 다른 생각을 가지고 있다. 그렇기 때문에 창의성의 가치와 중요성에 대한 생각이 서로 다른 것도 당연하다. 나는 창의성에 관해 사람들과 얘기를 나누면서 그들이 몇 가지 공통된 오해를 하고 있다는 사실을 알게 되었다.

오해 #1 창의성이란 예술적 표현에 관한 것이다

우리는 화가, 조각가, 시인의 창의성을 중요하게 여기고, 그들

의 창의성에 감탄하곤 한다. 그러나 다른 일을 하는 사람들도 창의적일 수 있다. 과학자는 새로운 이론을 개발할 때, 의사는 질병을 진단할 때, 사업가는 새로운 제품을 개발할 때 창의적일 수 있다. 사회복지사는 어려운 형편에 놓인 사람을 위한 전략을 제안할 때, 정치가는 새로운 정책을 개발할 때 창의성을 발휘할 수 있다.

내가 보기에는 많은 부모가 창의성과 예술적 표현의 공통점 때문에 창의성을 과소평가하는 경향이 있다. 내가 창의성에 관해 이야기할 때면, 부모들은 내가 예술적 표현에 관해 이야기하고 있다고 생각한다. 많은 부모는 아이가 자기 생각을 예술적으로 잘 표현히는 깃이 그렇게 중요하다고 생각하지 않는다. 그래서 아이의 창의성에 대해서도 "좋아요"라고만 할 뿐 '아주 중요하다'고 여기지는 않는다. 부모들이 이런 잘못된 생각에서 벗어날 수 있도록 나는 '창의성'이란 표현보다 '창의적 사고'라는 표현을 즐겨 사용한다. 창의적 사고라는 표현을 사용하면, 부모들은 창의성을 예술적 표현에 한정지어 생각하기보다는 자녀의 미래에 필수적인 요소로 생각한다.

오해 #2 소수의 사람만이 창의적이다

어떤 사람들은 '창의성'이나 '창의적'이라는 표현은 세상에 완전히 새로운 발명이나 새로운 아이디어를 가리키는 경우에만 사용되어야 한다고 생각한다. 이 관점에서 그들은 노벨상 수상자나 주요 미술관에 작품이 전시되어 있는 예술가만 창의적이라 생각한다.

창의성을 연구하는 사람들은 이런 유형의 창의성을 '큰 창의성Big-C Creativity'이라 부른다. 나는 그보다는 연구자들이 '작은 창의성little-c creativity'이라고 부르는 것에 더 관심이 많다. 당신이 일상생활에 유용한 어떤 아이디어를 생각해냈다면 그것은 작은 창의성이다. 과거에 숱한 사람들이 유사한 아이디어를 생각했든 아니든, 그런 건 중요하지 않다. 그 아이디어가 당신에게 새롭고 유용하다면 그게 바로 작은 창의성이다.

예를 들어 종이 클립 발명은 큰 창의성이다. 그 이후 누군가가 일상생활에서 종이 클립을 사용하는 새로운 방법을 생각해낸다면 그건 바로 작은 창의성이다.

교육자들은 가끔 큰 창의성에 너무 관심을 기울이는 반면 작은 창의성은 등한시한다. 몇 년 전, 나는 한 그룹의 교육자들을 대상으로 창의성에 관한 발표를 했다. 이날 질의응답을 하던 중, 어떤 교육자가 창의성을 평가하는 좋은 방법을 개발해 창의성이 높은 학생을 식별하는 것이 중요하다고 말했다. 하지만 내 생각에 이것은 잘못된 견해이다. 누구나 (작은) 창의성을 발휘할 수 있으며, 우리는 누구나 크든 작든 자기 창의성을 최대한 발휘할 수 있도록 도와주어야 한다.

오해 #3 창의성은 순간의 통찰력에서 나온다

창의성에 관한 대중적 이야기는 종종 "아하!" 순간에서부터 시작한다. 아르키메데스^{Archimedes}는 욕조에서 불규칙한 모양의 물체를 물속에 담그고 넘치는 물의 양을 측정하면 그 물체의 부피를 계산할 수 있다는 사실을 깨닫고, "이거다^{Eureka}!"라고 외쳤다. 아이작 뉴턴^{Isaac Newton}은 사과나무 밑에 앉아 떨어지는 사과에 머리를 맞고 중력에 대해 깨달았다. 아우구스트 케쿨레^{August Kekule}는 자기 꼬리를 먹는 뱀에 관한 공상을 한 뒤에 벤젠 고리의 구조를 깨달았다.

하지만 "아하!" 순간은, 만약 그런 순간이 있다면, 창의적 사고 과정의 일부일 뿐이다. 대부분의 과학자와 발명가, 예술가는 창의성이 장기간에 걸친 과정이라는 것을 잘 알고 있다. 근대 미술 선구자 가운데 한 명인 콘스탄틴 브랑쿠시^{Constantin Brancusi}는 "창의성이란 신이 내려주는 벼락에 맞는 것이 아니라 명확한 의도와 열정을 갖는 것이다"라고 했다. 창의성이란 1퍼센트의 영감과 99퍼센트의 노력이라는 토머스 에디슨Thomas Edison의 유명한 말도 있다.

그렇다면 도대체 노력을 할 때 우리에게 어떤 일이 벌어지는 걸까? 어떤 유형의 활동이 "아하!" 순간을 불러오는 걸까? 단지 열심히만 한다고 해서 창의적이 되는 것은 아니다. 호기심을 가지고 하는 탐구, 즐거운 마음으로 하는 실험, 체계적인 조사……. 창의성은 이 모두가 결합된 부지런한 노력에서 비롯된다. 새로운 아이디어와 통찰력이 마치 한순간에 오는 것처럼 보일지 모르지만, 그 대부분은 상상, 창작, 실험, 공유, 생각의 과정을 여러 번 반복해야만 온다. 즉, 창의적 학습의 선순환을 여러 번 거쳐야 온다.

오해 #4 창의성은 가르칠 수 없다

아기들은 태어날 때부터 호기심 가득한 상태로 세상에 첫발을 내디딘다. 이것은 의심의 여지가 없다. 자연스럽게 아기들은 만지고 교감하고 탐구하면서 무언가를 이해하고 싶어 한다. 그리고 점차 성장하면서 이야기하고 노래하고 그림을 그리고 춤을 추고 무엇을 만들면서 자기를 표현하려 한다.

어떤 사람들은 뒤로 한 걸음 물러서는 게 아이들의 창의성을 지원하는 가장 좋은 방법이라고 생각한다. 그들은 창의성은 가르치려 해서는 안 되고, 그저 물러서서 아이들의 타고난 호기심이 알아서 아이들을 창의성으로 인도하도록 내버려두어야 한다고 말한다.

나는 이런 견해에 어느 정도 공감한다. 일부 학교와 가정에서 볼 수 있는 엄격한 틀이 아이들의 호기심과 창의성을 저하하는 것은 사실이다. 또한 창의성 교육이 창의적이 되는 방법에 대한 명확한 규칙과 지침을 아이들에게 전달하는 것을 뜻한다면, 절대로 창의성을 가르칠 수 없다는 의견에 동의한다.

하지만 창의성은 기를 수 있다. 아이들은 선천적으로 창의성의 씨앗을 가지고 태어난다. 하지만 창의성은 스스로 발전하는 게 아니라서 양육과 격려와 지원이 필요하다. 이 과정은 농부나 정원사가 식물이 번창할 수 있는 환경을 제공해 무럭무럭 자라도록 돕는 것과 같다. 우리도 아이들의 창의성이 번창할 학습 환경을 조성할 수 있다.

그렇다. 창의성 교육이 유기적이고 상호작용하는 과정이라고 생각한다면, 우리는 당연히 창의성을 가르칠 수 있다. 이것이 내가 이 책에서 말하려는 내용이다.

긴장과 절충:
기술

학교와 가정에서 아이들의 창의성을 키우는 일은 쉽지 않다. 비록 교육자와 학부모들이 창의적 사고의 가치를 인식하고 중요하게 여긴다고 하더라도, 그것을 장려하고 지원하기 위한 전략을 실행하려 들면 여러 '긴장과 절충' 상황에 직면하게 된다. 그래서 나는 이 책 전반에 걸쳐서 이런 긴장과 절충 상황에 대해 논의하는 내용을 포함했다. 이번 장에서는 아이들의 학습에서 새로운 기술 도입으로 발생하는 긴장과 절충 상황에 초점을 맞추어 논의하고자 한다.

신기술에 대한 논의는 갈수록 양극화되고 있다. 한쪽에는 기술광신자Techno-enthusiasts라고 불리는 사람들이 있는데, 이들은 새로운 것일수록 더 좋은 것이라며 거의 모든 신기술의 가능성에 열광한다. 다른 한쪽에는 기술회의론자Techno-skeptics라고 불리는 사람들이 있다. 이들은 신기술의 부정적 영향을 걱정하며, 아이들이 텔레비전이나 컴퓨터 화면 앞에서 시간을 보내는 대신에 장난감과 야외 놀이에 더 많은 시간을 보내기를 바란다.

나는 양쪽 사람들의 생각이 모두 당혹스럽다. 이제부터 왜 그렇게 생각하는지, 그리고 어떻게 하면 다른 관점을 가질 수 있는지 설명하겠다.

먼저, 기술광신자부터 살펴보자. 디지털 기술이 문화와 경제의 모든 부분에서 점점 더 중요한 역할을 하기 때문에, 이들이 신기술을 사용해 학습과 교육의 질을 높이려고 열광하는 것은 놀라운 일이 아니다. 그리고 아이들이 휴대전화와 태블릿, 컴퓨터 게임에 점점 더 많은 시간을 보내고 있기 때문에, 교육자들이 게임을 교과 활동에 통합함으로써 아이들이 게임에서 보이는 높은 수준의 동기와 참여를 교육에 활용하려고 하는 것도 놀라운 일이 아니다.

기술광신자들의 주장에는 상당한 논리가 있지만, 사실 문제도 있다. 가장 큰 문제는 교육재료와 교육활동을 설계하는 사람들이 기존의 진부한 교과 과정과 교수법은 있는 그대로 두고, 그저 그 위에 기술과 게임의 얇은 막만 입히려 든다는 것이다. 이것은 호박에 줄을 긋는 것과 다를 바 없다.

나는 교실 전면에 대형 디스플레이가 있고, 네트워크에 연결된 노트북을 학생들에게 나누어준 교실을 방문한 적이 있다. 선생님이 질문을 하면 학생들은 각자의 노트북에 답을 입력한다. 교실 앞에 놓인 큰 화면에는 질문에 맞는 답을 한 학생들과 각각의 학생이 얼마나 빨리 답했는지에 관한 정보가 나와 모두에게 공개된다. 학생들은 질문에 답하는 속도와 정확도를 기준으로 점수를 받으며, 화면은 그들의 점수를 보여준다.

이 교실의 소프트웨어 설계는 훌륭했고, 선생님이 학생들의 성과를 한눈에 볼 수 있다는 점도 만족스러웠다. 일부 학생들이 이런 게임 같은 수업방식에서 동기를 부여받는 것도 맞다. 하지만 어떤 학생들은 오히려 이런 방식 때문에 자신감과 동기를 잃고 있다는 사실이 분명히 보였다. 무엇보다 내가 불만스러웠던 것은, 이런 방식으로는 학생들이 빠르게 정답을 낼 수 있는 단답형 질문에만 치중할 수밖에 없다는 점이다.

이 수업은 내 초등학교 4학년 때의 경험을 떠올리게 해주었다. 내 4학년 담임 선생님은 지난 금요일 철자시험에서 받은 점수를 토대로 매주 월요일 학생들의 자리를 재배정했다. 학생들의 등수를 이렇게 일목요연하게 공개하는 것은 마지막 줄에 앉는 학생뿐만 아니라 첫째 줄에 앉는 학생을 포함한 모두에게 나쁘다고 생각한다. 수십 년이 지났음에도 불구하고 학생들의 우열을 가리는 이런 고리타분한 교수법이 기술만 새로워졌을 뿐 여전히 반복되고 있다는 사실이 무척 안타까웠다.

기술광신자들에게 좌절감을 느끼는 만큼, 기술회의론자들에게도 비슷한 당혹감을 느낀다. 많은 경우 기술회의론자들은 새로운 기술에 대해서는 기존 기술에는 적용하지 않던 다른 기준을 적용하려 든다. 예를 들어 아이들이 컴퓨터를 가지고 작업할 때면 컴퓨터가 미치는 반사회적 영향을 걱정하지만, 책을 읽는 데 같은 시간을 소요할 때는 전혀 걱정하지 않는다. 컴퓨터에 빠져 있는 아이들이 밖에서 충분한 시간을 보내지 않는다고 걱정하지만, 악기를 연주하는 아이들에 대해서는 그런 우려를 나타내지 않는다. 나는 기술회의론자들이 걱정할 게 없다고 말하는 것이 아니라, 그들이 좀 더 일관성 있는 자세를 유지해야 한다고 생각한다.

디지털 기술이 아이들 삶에 들어서기 시작하자 '유년기를 위한 연합Alliance for Childhood'이라는 한 단체는 「바보들의 황금: 유년기의 컴퓨터 사용에 대한 비판적 시야Fool's Gold: A Critical Look at

Computers in Childhood」라는 보고서를 발표했다. 이 보고서는 "크레용, 수채화 물감, 종이와 같은 기존 교육도구는 아이들이 내적 능력을 키우고, 현실세계에 자유롭게 접근하고 관계하고 이해할 수 있도록 돕는다"라고 주장한다. 나도 이런 주장에 동의한다. 하지만 첨단 도구도 같은 효과를 낼 수 있다. 로봇을 조립하고 프로그래밍하는 일이 아이들의 내적 능력을 키우지 못하게 막는다고 말할 수 있을까?

사람들은 크레용과 수채화 물감도 한때는 '첨단 기술'로 간주되었다는 사실을 간과한다. 하지만 이미 하나의 문화로 우리 속에 자리 잡았기 때문에 지금은 첨단 기술이 아닌 듯 보일 뿐이다. 컴퓨터 분야의 개척자 앨런 케이Alan Kay는 "당신에게 기술이란 당신이 태어난 뒤에 발명된 기술을 지칭하는 것이다"라고 말했다. 오늘날 자라나는 아이들에게 노트북과 휴대전화는 더 이상 첨단 도구가 아니다. 크레용이나 수채화 물감 같은 일상적인 도구일 뿐이다.

나는 기술회의론자들을 생각하면 특히 짜증이 치민다. 내가 그들 의견에 동의하지 않기 때문이 아니라 너무 많은 부분에서 동의하기 때문이다. 대부분의 기술회의론자는 나와 매우 비슷한 목표와 가치를 가지고 있으며, 아이들에게 상상력과 창의성을 개발할 수 있는 기회를 제공하는 일 또한 열심이다. 기왕 같은 목표와 가치를 가지고 있다면, 그들이 아이들의 창의적 사고와 창의적 표현 개발과 관련해 신기술이 제공하는 가능성을 내 관점에서 한 번만 바라봐주었으면 좋겠다. 하지만 기술회의론자들은 새로운 기술을 바라볼 때 가능성은 보지 않고 문제점만 보는 것 같다.

오늘날 아이들 삶에서 신기술이 미치는 영향에 대한 우려는 주로 아이들이 텔레비전이나 컴퓨터 스크린을 접하는 시간인 '스크린 타임screen time'으로 표현된다. 학부모와 선생님들은 아이들의 스크린 타임을 어느 정도로 제한해야 할지 고민한다. 나는 이런 논쟁이 정작 핵심을 놓치고 있다고 생각한다. 물론 아이들이 스크린을 보는 데만 시간을 소비한다면 문제다. 하지만 아이들이 바이올린 연주나 책 읽기나 스포츠 활동에만 시간을 소비한다면 그것 또한 마찬가지로 문제가 된다. 말하자면, 한 가지 일에만 모든 시간을 사용하는 게 문제이다. 그런데 스크린 타임과 관련해서 가장 중요한 문제는 시간이 아니라 내용이다. 스크린과 상호작용하는 방법이 다양한데도 모든 스크린과의 상호작용을 똑같이 평가하는 건 올바르지 않다. 폭력적인 비디오 게임에 소비한 시간은 친구에게 문자 메시지를 보내며 소비한 시간과 다르다. 학교에 낼 보고서를 작성하는 데 사용한 시간과도 다르며, 스크래치 프로젝트를 하는 데 사용한 시간과도 다르다.

학부모와 교사는 스크린 타임을 최소화하려고 노력하기보다는 아이들의 창의적 시간을 극대화하려고 노력해야 한다. 그리고 아이들이 사용하는 기술보다 아이들이 그 기술로 무엇을 하는지에 더 초점을 맞추어야 한다. 기존의 기술이 그랬듯, 어떤 신기술은 창의적 사고를 유도하고, 어떤 신기술은 창의적 사고를 제한한다. 첨단 기술을 사용할 것인가, 기존 기술을 사용할 것인가, 그도 아니면 기술을 전혀 사용하지 않을 것인가? 학부모와 교사는 이런 문제를 논하는 대신에 아이들이 창의적 사고와 창의적 표현에 빠져들게 하는 활동을 찾아 나서야 한다.

그들 자신의 목소리로: 타린

평생유치원의 가치와 가능성을 이해하려면 그것을 직접 체험한 아이들의 의견을 듣는 것이 중요하다. 그래서 나는 이 책의 각 장을 MIT 연구 그룹의 기술과 프로젝트에 참여하면서 성장한 사람들의 인터뷰로 마무리하려 한다. 첫 번째 인터뷰는 남아프리카 출신의 타린Taryn으로 16세이다. 그녀의 ID는 버블103bubble103이며, 스크래치 온라인 커뮤니티의 오랜 구성원이다.

저자 스크래치를 어떻게 시작하게 되었나요?

타린 10살 때 학교 컴퓨터 수업에서 스크래치를 처음 접했어요. 한 번으로 끝나는 수업이었고, 순서대로 블록을 정렬해라, 이걸 해라, 저걸 해라 등 지시사항이 많아서 사실 수업 시간에는 큰 흥미를 느끼지 못했죠. 집에 가서 스크래치를 가지고 이것저것 해보았어요. 10살이던 제가 제일 먼저 한 건 상자 안에서 아기가 날아다니는 애니메이션을 만드는 거였죠. 하지만 그나마도 제대로 하지는 못했고, 얼마 안 가 스크래치 놀이를 그만두었어요.

1년 뒤에 저는 친구가 스크래치로 게임을 만드는 걸 봤어요. 친구에게 어떻게 하는지 가르쳐달라고 했고, 그걸 계기로 다시 시작했죠. 친구와 함께 첫 스크래치 협력 프로젝트를 진행했어요. 저희는 오래된 노트북을 침대 위에 놓고 서로 마우스를 빼앗아가며 무언가를 만들어내기 시작했는데, 그 과정이 너무 재미있었어요. 그때의 경험이 제 최고의 추억 중 하나죠.

스크래치에서 일어나는 멋진 일을 계속 지켜보고 있었지만, 수줍음이 많아서 거기 참여하기까지는 많은 용기가 필요했어요. 그러다가 12살이 되던 해에 일난 커뮤니티에 가입했는데, 그건 너무 잘한 일이었죠. 처음으로 온라인에서 프로젝트를 공유할 때는 누군가가 그걸 볼 거라고는 기대하지 않았고, 다만 프로젝트를 공유하는 방법을 알고 싶었을 뿐이에요. 그런데 누군가로부터 제 프로젝트에 대한 의견을 받았어요. 무엇이었는지는 정확하게 기억나지 않지만, 누군가가 제 프로젝트를 좋아하고 말을 걸었다는 사실에 흥분했죠. 만난 적 없는 사람들로부터 피드백을 받는 게 놀랍기도 했고요. 그래서 계속해서 더 많은 프로젝트를 하기 시작했죠.

스크래치 커뮤니티에서 이루어지는 공유, 협력, 상호 지원은 저를 점점 스크래치에 빠져들게 했고, 제가 매일 스크래치를 찾는 주된 이유가 되었어요. 큰 영감을 받았고, 커뮤니티의 다른 회원들에게 배울 수 있는 기회도 무척 많았어요. 사람들은 제가 상상조차 하지 못한 일을 하고 있었어요.

저자 다른 사람들에게 배우기도 했겠지만, 자신이 배운 것을 다른 사람들과 많이 공유했다고 들었어요. '변수를 사랑하자 You Gotta Love Variables' 등 몇 가지 스크래치 튜토리얼을 만들었다면서요?

타린 저는 가르치는 걸 좋아해요. 그리고 사물에 대해서 생각하거나 새로운 방법으로 설명하는 것도 좋아하죠. 스크래치 프로젝트를 진행하면서 이전에 알지 못했던 변수라는 걸 배웠고, 이게 너무 좋았기 때문에 다른 사람들과 공유할 수밖에 없었어요. 그래서 다른 회원들도 스크래치 변수에 대해 배울 수 있도록 스크래치 프로젝트를 만들었죠.

저는 사람들이 제 튜토리얼을 통해서 새로운 것을 배웠다고 말할 때 가장 기뻐요. "바로 이거야!" 하고 뭔가를 알아낼 때 느끼는 짜릿함이 어떤 건지 알고 있어서, 제가 다른 사람들에게 바로 그 느낌을 전해줄 수 있다는 사실이 너무 뿌듯해요. 저는 사람들과 얼굴을 마주 보고 이야기하거나 가르치는 게 부자연스러운데, 스크래치에서는 그런 사회적 두려움 없이도 제가 아는 지식을 전파할 수 있다는 사실이 너무 좋고 자유롭게 느껴져요.

저자 스크래치 커뮤니티에서 타린 양은 '색깔 구분^Colour Divide'이라는 일련의 프로젝트로 가장 잘 알려져 있지요. 이 프로젝트는 어떻게 시작하게 되었나요?

타린 '색깔 구분'은 다른 회원 다섯 명과 협력해서 시작한 프로젝트예요. 스크래치 스튜디오에서 그들과 즐겁게 역할 놀이를 하며 서로를 알아가고 있는 중에, 어떤 환상의 도시에 관한 이야기가 떠올랐어요. 저는 영감에 사로잡혀서 이걸 애니메이션으로 만들어봐야겠다고 마음먹었어요. 애니메이션을 만들어본 경험은 없었지만 영감은 있었고, 스크래치 환경을 오랫동안 접한 터라 이걸 시도하는 데 두려움이 없었죠. 저는 제가 프로그래밍을 통해서 이야기에 생명을 불어넣는 사람처럼 느껴졌어요. '색깔 구분'과 관련된 이야기와 다양한 생각은 저를 애니메이션에 더욱 매진하게 했죠.

'색깔 구분'은 상상의 암흑세계가 배경이에요. 그 세계의 아이들은 자신의 사회적 지위를 결정하는 시험을 치러야만 하죠. 모든 아이는 마법 능력에 따라 등급이 매겨져요. 무지개 색깔 순서를 따라서, 가장 약한 능력이면 빨간 등급을 받고 가장 강한 능력이면 보라 등급을 받아요. 빨간 등급 정도의 마법 능력도 없는 아이는 아예 황무지로 추방당하죠. 이 이야기는 사회의 틀에 잘 맞지 않고 그래서 사회에 도전하게 되는 등장인물들을 중심으로 전개돼요.

그들이 사회 속에서 자신의 진정한 위치를 발견하고, 더 나은 세상을 만들기 위해 변화를 만들어가는 것이 전체 줄거리죠.

저자 그 이야기가 남아프리카에서 성장한 타린에게 특별한 의미가 있다고 들었어요.

타린 이야기의 많은 부분은 제가 성장하면서 주변에서 보고 느낀 게 바탕이에요. 저는 자라면서 남아프리카의 인종 차별 정책이 우리나라와 국민에게 남긴 상처를 직접 목격했죠. 그런 상처를 이야기 속에 부분적으로 담았고, 등장인물들을 통해서 다시 확인하고 있죠. 제가 제목에 사용한 '구분'이라는 단어는 모든 종류의 구분을 뜻하는 완곡한 표현이에요. 제 말은, 누구도 그가 가진 어떤 작은 부분 하나만으로는 정의될 수 없고, 모든 사람은 사회가 그 사람에게 정의한 그런 작은 부분보다 훨씬 더 크다는 거예요. 이 메시지야말로 제가 강렬하게 느꼈던, 그리고 다른 사람들과 공유하고 싶었던 내용이죠.

우리 사회는 사람들에게 숱한 딱지를 붙이려 하지만, 사실 사람들은 그 딱지보다 훨씬 정교하고 아름다우며 놀라운 존재예요. 제가 스크래치에서 한 경험도 그래요. 스크래치는 내향적인 사람과 외향적인 사람, 예술과 프로그래밍 등 모든 종류의 사람과 사물이 모이고 섞이는 곳이에요. 그 어느 곳에도 속해본 적 없는 제가 스크래치에서 가장 좋아하는 점이, 바로 이렇게 모든 게 함께 모여 하나가 된다는 거죠.

저자 '색깔 구분'을 게시했을 때 스크래치 커뮤니티의 반응은 어땠나요?

타린 제 첫 번째 '색깔 구분' 프로젝트는 예고편에 불과했는데, 많은 회원이 더 많은 에피소드를 만들어보라는 격려와 함께 이런저런 도움을 주려고 했어요. 사람들은 프로젝트에 직접 참여하거나 프로젝트를 위한 캐릭터를 만들고 싶어 했고, 그래서 저는 점점 더 많은 사람이 여기 참여할 수 있도록 만들었어요. 회원들이 캐릭터의 얼굴, 목소리, 풍경, 그리고 음악까지 만들 수 있도록 한 거죠. 그래서 제가 무언가를 혼자 만들고 있다고 느끼기보다는 우리가 함께 만들어가고 있다고 느꼈죠.

성우의 경우, 대부분의 사람은 한 번도 만나본 적 없는 다른 나라 사람들이었어요. 저는 그들이 목소리를 통해 캐릭터에 생명을 불어넣게 하는 방식으로 함께 협력했어요. 음악 작업도 모두 다른 회원들의 도움을 받았는데, 그들이 자기 음악을 다른 회원들이 사용하도록 공유한다는 사실에도 영감을 받았죠. 에피소드 장면에 보이는 배경 캐릭터도 대부분 다른 회원들이 디자인했어요. 저는 스크래치를 통해서 우리 모두가 이 세상에서 함께 존재한다는 사실을 직접 느낄 수 있었어요.

저자 지난 6년을 되돌아볼 때, 스크래치로 인해 가장 많이 바뀐 부분은 뭐죠?

타린 스크래치 덕분에 저는 새로운 것을 시작하거나 자신을 표현할 때 더 자신감이 생겼고, 위험을 감수하거나 실수를 하는 걸 두려워하지 않게 되었어요. 이전의 제가 실수를 할까 봐 벌벌 떠는 사람이었다면, 스크래치에서 프로그래밍하는 저는 실수를 두려워하지 않는 사람으로 바뀌었죠. 이제 저는 평범한 일상에서도 창의적일 수 있는 힘을 갖게 되었어요. 이제는 어떤 어려움에 맞닥뜨리든, 그걸 문제로 보기보다는 새로운 무언가를 배울 기회로 보게 되었어요.

제게 이건 창의적 자신감이에요. 스크래치는 이런 창의적 자신감을 가진 사람들을 키우고 있고, 저는 스크래치 회원들이 세상을 바꾸어나갈 거라고 믿어 의심치 않아요.

제2장

프로젝트

만들어내는 사람

2009년 1월, MIT 캠퍼스 대형 강당에서 버락 오바마Barack Obama의 미국 제44대 대통령 취임 행사를 보고 있었다. 강당에는 500명이 넘는 사람들로 가득 찼고, 전면에 있는 대형 스크린 2개에서 오바마 대통령의 취임 연설이 방영되고 있었다. 청중 대부분이 MIT 과학자와 엔지니어임을 고려하면, 오바마 대통령이 "과학을 제자리로 돌려놓을 것이다!"라고 선언했을 때, 여기저기서 열정적인 반응이 나온 것도 당연하다. 강당은 박수 소리로 울려 퍼졌다.

하지만 내 관심을 사로잡은 것은 그 말이 아니었다. 내 기억에 가장 강렬하게 남은 순간은 오바마 대통령이 이렇게 말할 때였다. "미국의 자유와 번영을 위해 험난한 길을 헤쳐온 사람 가운데는 몇몇 유명한 사람도 있지만, 대부분은 잘 알려지지 않은 채 '위험을 무릅쓰는 사람risk-takers', 일을 '해내는 사람doers', 뭔가를 '만들어내는 사람makers of things', 바로 그들이었습니다."

오바마 대통령이 말하는 '위험을 무릅쓰는 사람'과 '해내는 사람' 그리고 '만들어내는 사람'이란 바로 창의적 사고를 하는 X형 사람들이다. 그들은 우리 역사의 경제적, 기술적, 정치적, 문화적 변화의 원동력이 되어왔다. 오늘날 우리는 바로 이런 사람이 되어야 한다. 역사의 궤적을 바꾸려 하기보다는, 우리 삶의 궤적을 바꾸도록 노력해야 한다.

'만들어내는 사람'이란 용어를 사용하면서 오바마는 미국 문화 전체에 걸쳐서 확산되기 시작한 '메이커 운동Maker Movement'을 암시적으로 언급하고 있다. 이것은 풀뿌리 운동으로, 지하실과 차고, 커뮤니티 센터 같은 장소에서 무언가를 만들려는 열정이 가득하고 그 아이디어와 결과를 공유하려는 열정 또한 가득한 사람들 사이에서 생겨났다. 이 운동은 2005년 데일 도허티Dale Dougherty가 무엇을 지어보고 만들어보고 발명해보는 즐거움을 서로 나누는 잡지 《메이크:Make:》를 창간하면서 탄력을 받았다. 이 잡지는 사람들이 무언가를 만들어보거나 만들기에 참여하는 방

법을 알려주는 DIY^{Do It Yourself} 활동의 대중화를 목표로 한다. 창간
호는 '일반인들이 차고와 뒷마당에서 만드는 놀라운 것들'을 주
제로, 항공사진을 찍는 연, 맥주를 차갑게 유지하는 열전^{熱電} 용
기, 어두운 곳에서 빛을 내는 전광 막대 등을 소개했다.

이듬해 2006년 데일은 '발명, 창의성, 그리고 이를 위한 풍부
한 자원'에 관한 첫 번째 가족 친화적 축제인 '메이커 박람회^{Maker}
^{Faire}'를 조직했다. 보석을 만들고, 가구를 만들고, 로봇을 만드는
등 우리가 상상할 수 있는 거의 모든 것을 만드는 전시와 워크숍
이 열렸다. 지난 10년 동안 전 세계적으로 수백 개의 '메이커 박
람회'가 생겨나서, 수백만 명의 기술자와 예술가, 디자이너, 기업
가, 교육자, 학부모, 아이들을 끌어들였다.

많은 사람에게 '메이커 운동'의 매력은 기술에 있다. 3D 프린
터나 레이저 절단기 같은 신기술 확산은 사람들이 쉽게 물체를
설계하고 제작하고 개개인에게 맞출 수 있도록 해준다. 과거에
는 규모의 경제를 갖춘 대규모 공장만 만들 수 있던 제품을 이제
는 소기업, 심지어 개인도 만들 수 있게 되었다. '메이커 운동'이
새로운 산업혁명의 불꽃을 피우리라 예측되면서, 많은 사람이
신기술의 비즈니스 잠재력에 열광한다.

나는 여러 이유로 '메이커 운동'에 매력을 느낀다. 이것은 단

지 기술과 경제에 관한 운동일 뿐만 아니라, 사람들이 창의적 학습 경험을 가질 수 있도록 돕는 새로운 학습 운동이기도 하다. 사람들은 만들고 창작하면서 창의적 두뇌로 발전해간다. 결국, 창작이 '창의성'의 근원인 것이다.

아마 가장 중요한 사실은 '메이커 운동'이 사람들에게 '창의적 학습의 4P' 중 첫 번째 요소인 '프로젝트'에 참여하도록 북돋운다는 점이다.《메이크:》잡지의 기사들과 '메이커 박람회'의 전시는 단지 만드는 기술을 가르치는 데 그치지 않는다. 사람들이 자기가 좋아하는 프로젝트를 수행하면서, 이를 통해 새로운 아이디어와 기술, 전략을 배우게 하는 프로젝트 기반의 학습 방식을 알려준다. 그래서 데일 도허티는 프로젝트를 '만들기의 기본 단위'라고 부른다.

나는 자라면서 내 나름대로 프로젝트의 힘을 경험했다. 어렸을 때 나는 야구, 농구, 테니스 등 모든 종류의 스포츠를 즐겼다. 그러나 스포츠를 하는 것보다 스포츠를 만드는 것을 더 좋아했다. 내 동생과 사촌과 함께 놀기 위해 나는 끊임없이 새로운 스포츠를 만들곤 했다. 집에는 무언가를 만들거나 놀기 좋은 뒷마당이 있었는데, 부모님이 이 뒷마당을 내 프로젝트 작업 공간으로 마음대로 사용하게 해주었으니 나는 운이 좋았던 셈이다.

어느 여름, 나는 미니 골프장을 만들기 위해 뒷마당을 파냈다. 처음에는 골프 홀을 떠올리며 그냥 구멍을 팠지만, 시간이 지나면서 구멍의 모양이 망가진다는 것을 알게 되었다. 그래서 구멍에 알루미늄 캔을 끼워 넣었다. 비가 오기 전까지는 괜찮았지만 비가 오자 캔 속은 물로 가득했다. 내가 생각해낸 해결책은 물이 잘 빠지도록 캔의 양 끝을 잘라내고 구멍에 끼워 넣는 것이었다. 이런 과정이 내게는 계속되는 학습 경험이었다.

미니 골프 코스에서 벽과 장애물을 추가할 때 골프공이 어떻게 튕겨 나오는지도 알아야 했다. 자연스레 충돌에 관한 물리 공부를 하고 싶다는 마음이 생겼다. 나는 장애물에 튕겨 나온 골프공이 구멍에 들어가도록 각도를 측정하고 계산하면서 몇 시간을 보냈다. 이 경험은 교실에서 받은 어떤 과학 수업보다 더 기억에 남았다.

그러면서 나는 미니 골프장을 만드는 과정뿐만 아니라, 무언가를 만드는 데 필요한 일반적인 과정을 이해하기 시작했다. 처음 아이디어를 내고, 임시 계획을 세우고, 그 첫째 버전을 만들어 보고, 이것을 작동시켜보고, 다른 사람에게 작동시켜보게 하고, 그 결과 나타난 현상을 바탕으로 계획을 수정하는 과정이었다. 이 전체 과정을 반복하고 또 반복했다. 프로젝트를 진행하면서 나는 '창의적 학습의 선순환'에 관한 경험을 쌓고 있었던 셈이다.

나는 이런 프로젝트를 하면서 나 스스로를 무엇을 만들고 창작할 수 있는 사람으로 바라보기 시작했다. 나는 세상의 모든 것을 새롭게 보기 시작했고, 어떻게 그것이 만들어졌는지 궁금해했다. 골프공이나 골프 클럽은 어떻게 만들어졌을까? 내가 만들 수 있는 다른 것들은 무엇일까? 이런 것들이 궁금해지기 시작했다.

지금도 《메이크:》 잡지의 웹사이트MakeZine.com를 검색하면 「DIY 테이블탑 미니 골프DIY Tabletop Mini Golf」와 「어반 퍼트: 미니어처 골프 2.0Urban Putt: Miniature Golf 2.0」 같은 미니 골프 프로젝트 관련 기사가 많이 나온다. 내가 미니 골프 코스를 만든 것은 거의 50년 전이라 그때보다 기술은 많이 진화했을 것이다. 지금은 3D 프린터 또는 레이저 절단기를 이용해 맞춤형 장애물을 만들 수 있으며, 장애물에 센서를 내장해 골프공이 장애물에서 튕길 때 모터 또는 LED가 켜지도록 할 수 있다.

물론 나는 어린 시절에 만든 '구형' 미니 골프 코스를 여전히 자랑스럽게 생각한다. 하지만 이와 동시에 신기술이 아이들이 시도해볼 만한 프로젝트의 유형을 넓히고, 더욱 많은 아이들이 무언가를 '만들어내는 사람'이 되도록 고무할 수 있다는 사실에 흥분되기도 한다.

만들기를 통한 학습

지난 수년간 많은 교육자와 연구자가 '실습을 통한 학습Learning-by-doing'을 주창해왔다. 사람들이 능동적으로 무엇을 해보고 실제로 만져보는 활동을 할 때 가장 잘 배운다는 이유에서였다.

그러나 '메이커 운동'의 문화에서는 단지 무언가를 해보는 것으로는 충분하지 않다. 무언가를 만들어보아야 한다. '메이커 운동'의 기본에 따르면, 가장 가치 있는 학습 경험은 무언가를 디자인하고, 짓고, 창작하면서 얻어진다. 즉, '만들기를 통한 학습Learning-through-making'에서 얻어진다.

민들기와 학습 사이의 관계를 더 잘 이해하고 싶거나 '만들기를 통한 학습'을 지원할 방법을 알고 싶다면, 시모어 페퍼트의 연구보다 더 좋은 것은 없다. 나는 운 좋게도 MIT에서 오랫동안 시모어와 함께 일할 수 있었다. 시모어는 '만들기를 통한 학습'의 지식적 기반을 만들었을 뿐만 아니라, 이를 위해 필요한 기술과 전략을 개발했다. 이런 점에서 보면 시모어를 '메이커 운동'의 수호성인으로 여겨야 할 것 같다.

　시모어는 학습에 대한 이해, 지원, 수행이라는 모든 관점에서 학습을 사랑했다. 1959년에 케임브리지 대학교에서 수학박사 학위를 받은 시모어는 스위스의 위대한 심리학자 장 피아제Jean Piaget와 함께 일하기 위해 제네바로 갔다. 피아제는 수천 명의 어린이를 면밀히 관찰하고 인터뷰함으로써, 아이들이 주변 사람 및 사물과의 일상적 교류를 통해 지식을 쌓는다는 사실을 발견했다. 지식은 꽃병에 물을 붓듯 어린이에게 주입할 수 있는 게 아니다. 아이들은 장난감을 가지고, 혹은 친구들과 놀면서 세상에 대한 자기 생각을 계속해서 창조하고 수정하고 시험해본다. 피아제의 '구성주의 학습이론Constructivist Theory of Learning'에 따르면, 아이들은 지식의 '수동적 수용자Passive Recipients'가 아니라 '능동적 구축자Active Builder'다. 아이들은 아이디어를 얻지 않고, 아이디어를 만들어낸다.

1960년대 초, 시모어는 MIT 교수로 임용되면서, 아동발달 혁명의 진원지인 스위스 제네바에서 컴퓨팅 기술 혁명의 진원지인 매사추세츠 주 케임브리지로 갔다. 그리고 그 후 몇십 년 동안 두 혁명을 서로 연결시켜왔다. 시모어가 MIT에 도착했을 때만 해도 컴퓨터는 수십만 달러가 넘는 비싼 가격 때문에 대기업과 정부기관, 대학에서만 사용되고 있었다. 그러나 시모어는 결국에는 어린이를 포함한 모든 사람이 컴퓨터를 접할 것이라고 예측했고, 컴퓨터가 아이들이 배우고 노는 방식을 어떻게 변화시킬 것인지에 관한 비전도 가지고 있었다.

시모어는 곧 교육에 컴퓨터를 도입하는 분야에서 선두 주자로 떠올랐다. 그때 대부분의 연구자와 교육자는 '컴퓨터 보조 수업Computer-aided Instruction' 방식을 지지하고 있었다. 즉 컴퓨터가 학생들에게 정보와 수업을 제공하고, 학생들이 배운 것을 측정하는 시험을 실시하고, 학생들의 성적에 따라 후속 수업 과정을 채택하는 등 선생님의 역할을 대신해야 한다는 것이었다.

하지만 시모어에게는 근본적으로 다른 비전이 있었다. 컴퓨터는 교사를 대신하기 위한 것이 아닌, 무언가를 만들기 위한 새로운 도구이면서 동시에 무언가를 표현하기 위한 새로운 매체라고 여겼다. 첫 퍼스널 컴퓨터가 출시되기 5년 전인 1971년에 이미 시모어는 신시아 솔로몬Cynthia Solomon과 공동으로 「컴퓨터로 할 20가지」라는 기고문을 썼다. 이 기고를 통해 시모어는 아이들이 그림을 그리거나, 게임을 만들거나, 로봇을 제어하거나, 음악을 작곡하는 등 컴퓨터를 사용해 많은 창의적 활동을 할 수 있다고 설명했다.

시모어의 접근 방식은 아이들을 지식의 '수동적 수용자'가 아니라 '능동적 구축자'로 바라보는 피아제의 이론을 바탕으로 한다. 시모어는 여기서 한 걸음 더 나아가, 아이들은 무언가를 구성하는 일에 적극적으로 개입할(즉, 무언가를 '만들어내는 사람'이 될 때) 가장 효과적으로 지식을 쌓는다고 주장했다. 시모어는 자신의 접근법을 '구성주의Constructionism'라고 불렀다. 두 가지 구성 형태를 합쳐놓았다는 이유에서였다. 아이들이 세상에서 무엇을 구성하고자 할 때는 그들의 머릿속에서 새로운 생각을 구성하는 데서부터 시작한다. 새로운 생각의 구성은 다시 새로운 것을 구성해보겠다는 동기로 이어지고, 이것은 다시 새로운 생각으로 이어진다. 이렇게 계속해서 끊임없는 학습의 선순환을 하게 된다.

이런 아이디어를 구현하기 위해, 시모어와 동료들은 아이들을 위한 컴퓨터 프로그램 언어인 로고Logo를 개발했다. 그때만 해도 프로그래밍은 고등수학의 배경 지식을 가진 사람들만 접근할 수 있는 특별한 활동으로 여겨졌다. 그러나 시모어는 프로그래밍을 컴퓨터를 통해 무언가를 만들어보게 하는 공통 언어라고 생각했으며, 따라서 모든 사람이 이것을 배워야 한다고 주장했다.

그의 책 『마인드스톰Mindstorms』에서, 시모어는 두 가지 접근 방식을 비교했다. 하나는 아이들이 무엇을 하도록 하는 데 컴퓨터를 사용하는 '컴퓨터 보조 수업' 접근 방식이고, 다른 하나는 컴퓨터가 무엇을 하도록 아이가 컴퓨터를 프로그램하는 시모어 고유의 접근 방식이다. 그의 접근 방식에 따르면, 아이들은 프로그램을 배우는 과정에서 가장 현대적이고 강력한 기술을 숙달하게 되고, 아울러 과학, 수학, 지적 모델 설계 같은 다양한 분야에서 심도 있는 아이디어를 가까이 접할 수 있다.

로고가 최초로 개발되었을 때는 아이들이 (스크린에서) '거북이' 로봇*의 움직임을 제어하는 데 주로 사용되었다. 그러다 1970년대 후반에 퍼스널 컴퓨터가 보급되면서부터, 아이들은 스크린에 그림을 그리기 위해 로고를 사용하기 시작했다. 스크린 위의 '거북이'를 움직이고, 회전하고, 그림을 그리게 하려고 '앞으로 100'이나 '오른쪽으로 60' 같은 명령어를 타이핑한 것이다. 아이

---

* 로봇 전자부품을 보호하려고 거북이등 같은 반구형 껍질을 사용했기 때문에 붙은 이름.

들은 자신이 좋아하는 프로젝트를 하려고 로고 프로그램을 하면서 자연스럽고 의미 있게 수학적 사고를 배웠다.

1980년대에는 많은 학교가 학생들에게 로고를 이용해 프로그램하는 법을 가르쳤다. 그러나 초기의 열정은 오래가지 못했다. 로고 언어가 직관적이지 않은 구문과 부호로 이루어져 있어 많은 선생님들과 학생들이 로고를 배우는 데 어려움을 느꼈기 때문이다. 더욱 상황을 나쁘게 만든 것은, 학생들과 선생님들의 관심을 끌지 못하는 활동을 통해 로고가 소개되고 있었다는 점이다. 많은 학교는 학생들이 자신을 표현하고 시모어가 말한 강력한 아이디어를 탐구하는 수단으로서의 로고가 아닌, 단지 프로그래밍 언어 그 자체로서의 로고를 가르쳤다. 그런 이유로 오래지 않아 대부분의 학교는 컴퓨터를 다른 용도로 사용하게 되었다. 그들은 컴퓨터를 시모어가 생각했던 만들고 창조하는 수단이 아니라, 정보를 전달하고 접근하는 수단으로 여기기 시작했다.

'만들기를 통한 학습'에 관한 시모어의 생각은 '메이커 운동'의 부상과 함께 입증되면서 오늘날 다시 한 번 관심을 끌고 있다. 로고어 관련한 시모어의 업적은 50년 전에 시작되었고 그의 획기적인 책 『마인드스톰』도 1980년에 출판되었지만, 그의 핵심 아이디어는 과거 그 어느 때보다 현대사회에 더 중요하고 더 적절하다.

생각하게 만드는 장난감

최초의 장편 컴퓨터 애니메이션 영화인 「토이스토리Toy Story」는 1995년에 개봉됐다. 이 영화는 상업성과 작품성 모두에서 성공을 거둔 최고 애니메이션 영화 가운데 하나로 꼽힌다. 「토이스토리」에서 대부분의 주요 장면은 두 아이의 침실에서 그려진다. 앤디의 침실은 서로 대화하고 교류하는 장난감으로 가득 차 있다. 미스터 포테이토 헤드Mr. Potato Head, 리틀 보핍Little Bo Peep, 슬링키 도그Slinky Dog 등 다양한 장난감이 앤디의 침실에서 살아 움직인다. 그중에서 가장 주목받은 것은 그해의 최신 신기술 장난감으로 뽑힌 버즈 라이트이어Buzz Lightyear이다.

마당 건너 있는 시드의 침실은 장난감뿐 아니라 드라이버, 망치 그리고 다른 온갖 도구로 가득해서 침실이라기보다는 발명가의 작업실처럼 느껴진다. 시드는 지속적으로 장난감을 분해하고 예상치 못한 방식으로 재조립한다. 시드는 장난감을 가지고 놀 뿐만 아니라 장난감을 만든다.

서로 교류하고 반응하는 지능형 장난감으로 가득 찬 앤디의 방은 모든 아이들의 꿈을 잘 표현해준다. 하지만 나는 무언가를 '만들어내는 사람'인 시드가 창의적 두뇌로 성장할 가능성이 더 크다고 생각한다.

불행히도 영화 속에서 시드 같은 어린 발명가들은 부정적으로 조명된다. 「토이스토리」에서 시드의 방은 어둡고 사악한 장소로 그려진다. 시드의 창의적 능력은 정신병적 행위와 섞여 묘사되기도 하다. 예를 들어, 시드가 도마뱀의 머리를 잘라 누나가 아끼는 인형에 붙이고는 "두 개의 뇌를 이식했다"라고 자랑하는 장면도 있다.

요즘 장난감 가게를 들어서면 마치 앤디의 방에 들어선 느낌이다. 모든 장난감은 상호작용하고 대화할 준비가 되어 있다. 장난감 공룡의 등을 치면 감사의 표시로 꼬리를 흔든다. 공룡에게 말을 걸면 말로 대답한다.

최신 장난감에 이용된 기술들은 놀랍다. 장난감들은 움직임,

몸짓, 소리를 감지할 수 있는 전자부품과 센서로 가득 차 있고 빛과 음악, 움직임에 반응한다. 전자부품이 작아지고 저렴해지면서, 장난감은 더 강력한 컴퓨팅 성능을 갖추게 되었다. 그러나 이런 장난감을 가지고 놀면서 아이들이 무엇을 배울까? 장난감 회사의 엔지니어와 디자이너들이 장난감을 만들면서 많은 것을 배우고 있다는 사실은 의심의 여지가 없지만, 과연 장난감을 가지고 노는 아이들도 마찬가지일까? 장난감 자체가 창의적이라고 해서 이 사실이 아이들을 창의적으로 만들지는 않는다.

그렇다면 당신의 아이에게 가장 적합한 장난감을 어떻게 고를 수 있을까? 내 조언은 "장난감이 자녀를 위해 무엇을 할 수 있는지가 아니라, 자녀가 장난감으로 무엇을 할 수 있는지를 물어라"이다. 나는 새로운 장난감을 볼 때 이 장난감이 어떤 종류의 놀이를 지원하고 장려하는지 생각한다. 만약 아이들이 장난감을 통해 자신의 프로젝트를 상상하고 창작하면서 '창의적 학습의 선순환'에 빠질 수 있다면, 나는 그 장난감에 대해 흥분한다. '생각하는 장난감Toys that Think'보다는 '생각하게 만드는 장난감 Toys to Think with'에 열광하는 것이다.

이런 이유에서 나는 언제나 레고 브릭에 매력을 느낀다. 레고 브릭은 아이들에게 상상하고 창작하고 공유하는 새로운 기회를 주기 위해 고안된 발명품이다. 전 세계 아이들은 집, 탑, 성, 우주선, 그리고 다른 다양한 창작물을 만드는 데 레고 브릭을 사용한다. 그 과정에서 창의적으로 생각하고, 체계적으로 사고하고, 협력해서 일하는 능력을 키우게 된다.

레고 브릭은 1983년 내가 MIT에 도착한 직후 시모어 페퍼트와 함께 작업한 첫 번째 프로젝트에 영감을 주었다. 당시 시모어의 로고 프로그래밍 언어는 전 세계 학교로 퍼지고 있었다. 나를 포함한 시모어 팀의 일부는 레고 브릭을 로고와 연결하는 방법을 모색해, 아이들이 만든 로고 컴퓨터 프로그램으로 자기가 만든 레고 창작물을 제어할 수 있도록 만들었다. 우리는 이 결합된 시스템을 '레고/로고^{LEGO/Logo}'라고 불렀다.

예를 들어, 우리의 초기 워크숍에서 5학년 소녀인 프랜^{Fran}은 끈을 당기는 레고 모터를 이용해 위아래로 움직이는 레고 엘리베이터를 만들었다. 프랜은 엘리베이터가 층간에서 움직일 수 있도록 모터가 동작하는 시간을 다르게 조정하는 로고 프로그램을 만들었다. 나중에는 엘리베이터 상단에 터치 센서를 부착해 엘리베이터가 최상층에 도달하면 자동으로 방향을 바꾸도록 로고 프로그램을 업데이트했다.

레고/로고 프로젝드는 아이들에게 레고 모델 만들기와 로고 프로그램 짜기 같은 두 가지 유형의 만들기를 결합해 '만들기를 통한 학습'의 다양한 기회를 제공했다. 프랜은 레고 엘리베이터를 만들면서 구조와 기계, 센서에 관한 지식을 키웠을 뿐만 아니라, 로고 프로그램을 짜면서 시퀀싱sequencing*, 컨디셔널 conditional**, 피드백feedback***에 대해서 배웠다. 또한 무엇보다 중요한 점은, 아이디어 구상에서부터 작동 시제품을 만드는 데까지, 자신의 프로젝트를 완성해가는 전 과정을 알게 되었다는 사실이다.

레고 그룹은 1988년에 레고/로고를 제품으로 선보였고, 그 후 얼마 지나지 않아 우리 MIT 그룹(프레드 마틴Fred Martin과 랜디 서전트Randy Sargent를 포함한)은 차세대 기술 개발을 시작했다. 프랜이 케이블을 사용해 레고 엘리베이터를 애플IIApple II 컴퓨터에 연결한 것처럼, 레고/로고에서는 레고 모델을 퍼스널 컴퓨터에 연결하는 데 케이블을 사용한다. 그런데 전자 장치가 계속 작아지면서 우리는 레고 브릭 안에 컴퓨터 기능을 집어넣을 수 있게 되었다. 이 '프로그래밍 브릭Programmable brick'을 사용하면 아이들이 자

* 데이터를 일렬 혹은 순위나 시간 순서에 따라 배열하는 것.
** 어떤 조건에 근거해 다음에 실행할 처리를 결정하는 것.
*** 출력 신호 일부를 입력 측으로 되돌리는 것.

신의 작품을 외부 컴퓨터에 연결하지 않고도 레고 작품에 직접 컴퓨터 기능을 구축할 수 있었다.

프로그래밍 브릭을 아이들과 함께 시험하는 과정에서 아이들이 만든 작품들을 볼 때마다 우리는 너무나 기뻤다. 어느 초등학교 교실에서는 학생들이 프로그래밍 브릭을 사용해 다양한 동물이 가득한 로봇 동물원을 만들었다. 또 다른 수업에서는 한 아이가 토양의 건조도를 측정하는 센서와 물통을 기울일 수 있는 장치를 이용해서 식물에 자동으로 물을 주는 기계를 만들었다.

레고 그룹은 우리의 프로그래밍 브릭 시제품을 시모어 페퍼트의 대표작인 『마인드스톰』의 제목을 따서 마인드스톰^{Mindstorms}이라는 이름의 제품으로 출시했다. 오늘날 수백만 명의 아이들이(성인 애호가들도 많음) 마인드스톰 키트를 이용해 로봇을 만들고 프로그램한다. 이제는 장애물을 피해서 움직이고, 물건을 옮기는 등 다양한 작업을 할 수 있는 로봇을 만드는 '어린이 로봇 발명 대회'를 전 세계 대부분의 국가에서 찾아볼 수 있다.

「토이스토리」에서 시드가 침실에서 만든 장난감이 앤디의 침실에 있는 의인화된 장난감만큼 정교하지 않은 것처럼, 아이들이 레고 마인드스톰 키트로 만든 로봇 제작품은 장난감 가게에 진열된 로봇만큼 정교하거나 똑똑하지는 않다. 그러나 이렇게 스스로 만들고 창작하고 발명하면서 성장하는 아이들은 다가올 미래 사회를 맞이할 준비가 분명 더 잘되어 있음에 틀림없다.

스크린에서의 창의성

　　오늘날 장난감 가게에는 비록 창의적으로 만들어는 졌지만 결코 아이들에게 창의적이 될 기회를 제공하지 않는 전자 장난감으로 가득하다. 시중에 널리 펴져 있는 어린이용 애플리케이션, 비디오 게임, 온라인 활동도 이와 유사하다.

　전 세계 아이들은 비디오 게임을 하거나, 친구와 문자 메시지를 주고받거나, 비디오를 시청하거나, 인터넷 검색을 하면서 날이 갈수록 더 많은 시간을 스크린 앞에서 보내고 있다. 이런 활동을 하게 만드는 배경 기술은 마치 장난감 가게의 장난감처럼 놀라울 정도로 창의적이다. 하지만 이런 대부분의 활동은 아이들을 이런 기술에 접하게 할 뿐, 이이들이 창의성을 발휘하도록 돕지는 않는다. 아이들을 창의적 두뇌로 키우려면, 우리는 아이들에게 스크린을 마주하는 다른 방법을 제공해야 한다. 그들에게 스크린에서 자기 프로젝트를 창작하고 자기 아이디어를 표현할 수 있는 더 많은 기회를 제공해야 한다.

예를 들어, 몇 년 전 나는 '스토리 3.0 Story 3.0'이라는 콘퍼런스에서 연사로 초대받았다. 이 콘퍼런스의 주제는 '차세대 스토리텔링의 혁신, 문화 및 비즈니스'였다. 마치 이전 시대에 인쇄 기술과 사진 기술이 스토리텔링에 큰 변화를 불러왔듯이, 21세기에 디지털 기술이 스토리의 본질과 역할에 어떤 변화를 불러올지 논의하는 자리였다. 거기에서 시모어 페퍼트가 만든 로고 프로그래밍 언어의 21세기 버전이라 할 스크래치에 관한 내 연구 그룹의 성과를 발표해달라는 요청을 받았다.

내 발표 순서는 학회의 첫날 아침이었다. 내 바로 앞 순서는 유럽의 교육출판사였는데, 그 출판사는 숲에 사는 야생고양이 네 종족의 모험 이야기인 인기 아동도서 시리즈 『전사들 Warriors』의 내용을 바탕으로 한 몰입형 온라인 게임을 개발하고 있었다. 그 출판사는 『전사들』의 인기를 활용해 새로운 형태의 온라인 상호작용에 더 많은 아이들이 참여하기를 원했다. 상호작용의 기본 아이디어는 각각의 어린이가 전체 온라인 스토리의 일부에서 전사 고양이들 중 하나의 역할을 하는 것이었다. 연사는 다음과 같이 설명했다. "숲에 수백 마리의 고양이가 있습니다. 아이들은 거기서 이 고양이들의 역할을 맡아 내러티브 미션을 소비하게 됩니다. 이것은 고양이 종족에 얽힌 신화를 푸는 데 필요한 단서가 되지요."

발표를 듣던 나는 연사가 사용한 '맡아서 소비하다'라는 단어가 이상하게 들렸다. 출판사는 온라인 기술을 아이들이 맡아서 소비할 이야기를 전달하는 새로운 방법으로 여겼다. 온라인 세계의 매력 중 하나가 상호작용을 하게 만드는 것이기에, 아이들은 온라인 이야기에서 수동적으로 가만히 있으려 하지만은 않을 것이다. 아이들은 주어진 미션을 해결하기 위해 온라인상에서 가상 고양이 역할을 하기도 하지만 여전히 주어진 이야기를 수동적으로 떠맡아 소비할 뿐이다. 그들은 다른 누군가의 이야기에 따라 상호작용할 뿐이다.

이 제품은 아이들에게 다른 사람의 이야기와 상호작용할 뿐만 아니라 자신의 이야기를 만들고 공유하게 하는 우리의 스크래치 소프트웨어와는 완전히 반대된다. 나는 아이들이 스크래치를 사용해서 『전사들』을 기반으로 한 이야기를 만들고 있는지 궁금해졌다. 그래서 연사가 발표하는 동안, 노트북을 열고 스크래치 웹사이트 검색창에 '전사 고양이 Warrior cats'를 입력했다. 그랬더니 수백 개의 프로젝트와 갤러리를 포함한 목록이 보였다. '최고의 전사 고양이 프로젝트 BEST WARRIOR CATS PROJECTS!'라는 갤러리에는 150개의 프로젝트가 있었다. 또 다른 '전사 고양이 게임과 메이커스 Warrior cat games and makers'라는 갤러리에는 70개 이상이, 그리고 '전사 고양이가 지배한다 Warrior Cats Rule!'에는 60개 이상의 프로젝트가 있었다.

몇몇 내용을 내 발표에 인용하고자, 나는 몇 가지 프로젝트를 살펴보았다. 엠버클로 Emberclaw라는 ID를 사용하는 아이의 '전사 고양이 만들기 Warrior Cats Maker'라는 프로젝트는 자신만의 고양이를 만들 수 있도록 프로그램되어 있었다. 버튼에 따라 털의 길이(3가지), 색상(16가지), 무늬(11가지), 눈 모양(10가지) 그리고 고양이가 사는 환경(4가지)을 선택할 수 있었다.

ID가 플레임스피릿 Flamespirit인 아이의 '전사 고양이 게임 II Warrior Cats Game v2'는 화살표 키를 사용해 가상공간에서 고양이를 이동시키고, 도중에 다른 고양이와 상호작용할(혹은 싸우거나) 수 있었다. 예를 들어, 어떤 키를 누르냐에 따라 서로 다른 싸움 동작(뒤차기나 할퀴기 등)을 취할 수 있었고, 배경에 있는 식물을 클릭하면 약효 관련 정보도 얻을 수 있었다. 벌써 1,500명 이상의 스크래치 커뮤니티 회원들이 '전사 고양이 게임 II'를 해보았으며 100개 이상의 의견과 제안을 남겼다.

나는 재빠르게 스크래치 커뮤니티의 '전사들' 프로젝트 가운데 일부를 내 발표에 포함했다. 그리고 내 차례가 되었을 때, 직전 발표에서 소개된 '온라인 전사들의 세계'와 '스크래치 온라인 커뮤니티'의 차이점을 강조했다. 내가 볼 때, 위 두 가지 방법은 온라인 기술로 스토리텔링을 하는 두 가지 확연히 다른 접근 방식을 보여준다. 나아가 교육과 학습에서도 확연히 다른 접근 방식이다. 전자의 경우, 아이들은 다른 사람이 만든 이야기에 따르며, 디지털 기술은 상호작용하는 데 이용될 뿐이다. 후자의 경우, 아이들이 자신의 이야기를 만들기 위해 디지털 기술을 도구 삼아 무언가를 창작한다.

스크래치를 사용할 때 아이들은 항상 프로젝트라는 관점에서 생각한다. 아이들은 계속해서 스스로에게 묻는다. "어떤 유형의 프로젝트를 만들어야 할까? 어떻게 개선할 수 있을까? 다른 사람들과 무엇을 나누어야 할까? 그들이 내놓은 의견과 제안에 어떻게 대응해야 할까?"

스크래치는 디지털 형태로 존재할 뿐, 여러 면에서 레고 키트와 같다. 레고 브릭을 사용할 때 아이들은 단순히 미리 만들어진 건물이나 성을 가지고 노는 것이 아니라 자신만의 집과 성을 직접 만든다. 마찬가지로 스크래치를 사용할 때 아이들은 이미 만들어진 이야기와 게임과 단순히 상호작용하는 것이 아니라 자신의 이야기와 게임을 직접 프로그래밍한다.

나는 항상 '만드는 기쁨, 창작의 자부심Joy of Building, Pride of Creation'이라는 레고 슬로건을 좋아했다. 나는 이 슬로건이야말로 레고 브릭이 왜 성공할 수 있었으며, 왜 창의적 놀이와 창의적 사고의 상징이 되었는지를 잘 설명한다고 생각한다. 스크래치를 통해 이루고자 하는 우리의 목표 또한 마찬가지다. 즉 아이들에게 새로운 방식의 '만들기'(대화형 이야기와 게임 프로그래밍), 온라인 커뮤니티에서 새로운 방식으로 공유하는 방법, 그리고 창의적 두뇌로 커갈 수 있는 새로운 방법을 제공함으로써, 온라인 세계에 '만드는 기쁨, 창작의 자부심'을 가져다주는 것이다.

유창함

　　　지난 수년간 컴퓨터 프로그램이나 코딩을 배우려는 사람들의 관심이 급증하면서 아이들이 코딩을 배우는 데 도움이 되는 수천 개의 앱과 웹사이트, 워크숍이 생겨났다. 스크래치 프로그래밍 소프트웨어도 이런 추세의 일부분이기는 하지만, 이것들과는 분명한 차이점이 있다.

　코딩을 소개하는 대부분의 프로그램은 퍼즐을 기반으로 한다. 아이들은 가상 캐릭터가 장애물을 넘어 목표에 도달할 수 있는 프로그램을 만들어야 한다. 예를 들면, 스타워즈 로봇 BB-8이 적군과 마주치지 않고 고철을 집을 수 있도록 하거나, 반란군 조종사에게 메시지를 보내도록 R2-D2를 프로그램하는 것들이나.

아이들은 퍼즐을 푸는 프로그램을 하면서, 기본적인 코딩 기술과 컴퓨터과학에 관한 개념을 배운다.

하지만 스크래치는 퍼즐 대신에 프로젝트를 활용한다. 우리는 스크래치를 아이들에게 소개할 때, 아이들이 자신만의 대화형 이야기와 게임, 애니메이션을 만들도록 권한다. 그러면 아이들은 자신의 아이디어에서 시작해서, 이것을 프로젝트로 발전시키고, 그 프로젝트를 다른 사람들과 공유한다.

스크래치는 왜 프로젝트에 집중할까? 우리는 코딩이 글쓰기와 마찬가지로 유창함과 표현력의 문제라고 생각한다. 글쓰기를 배울 때 단지 철자법, 문법, 구두점만을 배운다면 충분하지 않다. 중요한 것은 이야기를 전하고 아이디어를 소통하는 방법이다. 코딩도 마찬가지다. 코딩의 기본적인 문법과 구두점을 배우기에는 퍼즐이 좋다. 하지만 이렇게 해서는 자신을 표현하는 방법을 배울 수 없다. 십자말풀이를 통해 글쓰기를 배운다고 가정해보자. 이것으로 철자법과 어휘력에 관한 지식을 재미있게 향상시킬 수 있을지는 모르지만, 결코 좋은 작가가 되거나, 전하고 싶은 이야기를 잘 전달하거나, 자기 아이디어를 유창하게 표현하게 돕지는 않는다. 이와 달리 프로젝트 기반 접근 방식은 글쓰기 또는 코딩에서 유창함에 이르는 최선의 길이다.

비록 대부분의 아이들이 자라서 전문 기자나 작가가 되는 것은 아니지만, 누구에게나 글쓰기는 매우 중요하다. 비슷한 이유로 코딩도 마찬가지다. 대부분의 아이들이 자라서 전문 프로그래머 또는 컴퓨터 공학자가 되는 것은 아니지만, 코딩을 잘할 수 있도록 배우는 것은 가치 있는 일이다. 글쓰기나 코딩을 유창하게 하는 것은 사고력을 향상시키고, 자기 표현능력을 기르고, 자신의 정체성을 개발하는 데 큰 도움이 된다.

사고력 개발

글을 쓰면서 우리는 아이디어를 체계화하고 개선하고 검토하는 법을 배운다. 그렇기 때문에 글을 잘 쓸수록 생각을 잘하는 사람이 된다.

마찬가지로 코딩을 배우면 생각을 잘하는 사람이 된다. 예를 들어, 복잡한 문제 하나를 단순한 여러 문제의 조합으로 나누어 생각하는 법을 배우고, 문제를 찾아내고 해결하는 법을 배우고, 반복적으로 계속해서 개량하고 개선하는 법을 배운다. 컴퓨터 과학자 지넷 윙Jeannette Wing은 이런 전략적 과정을 '컴퓨터적 사고 Computational Thinking'라고 부르고 이 용어를 대중화했다.

이런 컴퓨터적 사고에 기초한 빙법론을 한번 배우고 나면, 이것을 코딩과 컴퓨터 과학뿐만 아니라 모든 유형의 문제 해결과 설계에 활용할 수 있다. 예를 들어, 프로그램을 수정하는 법을 배우고 나면, 주방에서 조리법이 잘못되었을 때나 길을 잃었을 때도 훨씬 잘 대응할 수 있다.

퍼즐 풀기는 이런 컴퓨터적 사고의 기술을 개발하는 데 일부 도움을 줄 뿐이지만, 자신만의 프로젝트를 만드는 것은 여기서 더 나아가 자신의 의견과 자신의 정체성을 개발할 수 있도록 돕는다.

자기 목소리 개발

글쓰기와 코딩 모두 자신을 표현하거나 자기 생각을 남과 소통하는 방법이다. 예를 들어, 글쓰기를 배우면 친구에게 생일 메시지를 보내거나, 지역 신문에 기고하거나, 개인적 느낌을 일기로 쓸 수 있다.

나는 코딩을 상호대화형 이야기와 게임, 애니메이션, 시뮬레이션 같은 새로운 유형의 창작물을 '쓰게' 도와주는 글쓰기의 연장으로 생각한다. 스크래치 온라인 커뮤니티의 예를 들어보자. 몇 년 전 어머니 날Mother's Day 하루 전에 나는 스크래치를 이용해 대화형 어머니 날 카드를 만들기로 했다. 작업을 시작하기 전에,

나는 어머니 날 카드를 스크래치로 만든 다른 사람들이 있는지 찾아보았다. 검색창에 '어머니 날'을 입력한 순간, 수십 개의 프로젝트가 나타났다. 많은 프로젝트가 나처럼 꾸물거리던 사람이 24시간 전에야 만든 것들이었다.

어떤 프로젝트는 커다란 빨간색 하트 위에 영어로 쓴 "해피 맘 데이 HAPPY MOM DAY"라는 문장으로 시작했다. 11개의 알파벳을 마우스 커서로 터치하면 반응하여 단어로 바뀌는 형태였다. 스크린에서 커서로 각각의 알파벳을 터치할 때마다 "당신을 사랑해요. 보고 싶어요. 행복한 어머니 날!" 등등 특별한 어머니 날 메시지가 나타났다.

이 프로젝트를 만든 여자아이는 스크래치를 통해 새로운 방식으로 자기를 표현하는 법을 배우고, 일상생활에 코딩을 접목함으로써 자기 목소리를 뚜렷이 개발하고 있었다. 미래의 젊은 이들에게는 글쓰기처럼 코딩을 통해 자신을 표현하는 일이 자연스러워질 것이다.

참고로 나는 어머니 날 카드를 만들지 않았다. 그 대신에 나는 스크래치 웹사이트에서 찾은 12개의 어머니 날 프로젝트 링크를 어머니께 보냈다. 평생 교육자로 사셨던 어머니는 다음과 같은 메시지를 내게 보내왔다. "아들아, 많은 아이들이 만든 스크래치

카드를 볼 수 있어 즐거웠다. 아이들이 이렇게 자기를 표현할 수 있도록 멋진 도구를 만든 내 아들의 엄마인 것이 너무나 자랑스럽다!!!!"

자기 정체성 개발

사람들은 글쓰기를 배우면서 자기 자신 그리고 사회 속에서 자신의 역할을 달리 보기 시작한다. 브라질의 교육자이자 철학자인 파울로 프레이리Paulo Freire는 빈곤층 문맹 퇴치 운동에 앞장 섰다. 단순히 그들이 일을 갖도록 돕기 위해서가 아니다. 그의 유명한 저서『분노의 교육학Pedagogy of Indignation』에 썼듯이, "자기 자신을 형성하고 또 재형성할 수 있다"라는 사실을 빈곤층이 배우게 하기 위해서였다.

나는 코딩에서도 이와 같은 잠재력을 본다. 오늘날 사회에서 디지털 기술은 가능성과 나아감의 상징이다. 아이들은 코딩과 디지털 기술을 통해 자기 자신을 표현하고 아이디어를 공유하는 방법을 배우면서, 새로운 관점에서 자기를 바라보기 시작한다. 아이들은 사회에 능동적으로 기여할 수 있는 가능성을 보기 시작한다. 미래의 일부로서 자기 자신을 보기 시작한다.

아이들에게 스크래치를 소개한 뒤, 그들이 창작한 것을 보거나 그 과정에서 그들이 배운 것을 볼 때마다 나는 흥분한다. 그러나 나를 가장 흥분시키는 것은 따로 있다. 바로 그들이 스크래치를 사용해서 무언가를 만들어내는 능력과 자신을 유창하게 표현하는 능력에 대한 자신감과 자부심을 쌓으면서, 점차 자신을 창의적인 사람으로 바라보기 시작한다는 사실이다.

게버 툴리^{Gever Tulley}가 학교를 설립했다고 들었을 때, 나는 그 학교를 무척 가보고 싶었다. 툴리는 무엇을 만들어보거나 프로젝트를 해보는 기회를 아이들에게 더 많이 제공하는 데 열정적인 공학자다. 2005년에 '메이커 운동'이 시작되었을 때, 툴리는 아이들을 팀으로 묶어서 롤러코스터, 나무 위의 집, 돛단배 같은 실제 크기의 프로젝트를 하는 1주일 몰입형 여름캠프를 만들었다. 그는 워크숍과 방과후 프로그램을 개발해 후속 작업을 진행해왔으며, 좀 더 많은 아이들을 '만들기 중심 프로젝트^{maker-oriented project}'에 참여시키려고 힘써 왔다.

2011년에 툴리는 '만들기 중심 프로젝트'가 학교 밖에서만 이

뤄져서는 안 되며, 학교 교과 과정의 중심에 있어야 한다는 결론을 내렸다. 그래서 샌프란시스코의 미션 지구에 있는 오래된 창고 공간에 브라이트웍스Brightworks라는 학교를 공동 설립했다. 5세에서 15세 사이의 아이들을 위한 이 학교는 초등교육과 프로젝트 기반 실습교육의 장점을 두루 취합하는 것을 목표로 삼는다. 이 학교 웹사이트sfbrightworks.org에는 다음과 같이 쓰여 있다. "브라이트웍스는 실제 도구, 실제 재료, 실제 문제를 다루어 학생들에게 학습에 대한 사랑, 세상에 대한 호기심, 몰두하는 능력, 넓게 생각하려는 자세, 놀라운 것을 해내려는 끈기 등을 고취하고자한다."

브라이트웍스를 방문했을 때 나는 학생들이 다양한 '만들기 중심 프로젝트'에 열중하는 것을 보았다. 한 팀의 학생들은 복잡한 형태로 만들어진 학교 극장 무대를 건설하느라 바빴다. 학생들은 무대 건설에 필요한 나무의 숫자를 정확하게 계산하고 있었다. 나무가 건물 반대편에 있어서 이동하기 어려우므로, 옮기기 전에 필요한 나무의 정확한 숫자를 알아야 했다.

근처의 다른 그룹에 속한 학생들은 덮개가 있는 마차 안에 앉아 있었다. 그들은 미국 서부 이민에 관해 공부하면서 마차를 만들었지만, 햇빛이 강한 날에는 덮개가 햇빛을 가려주어서 마차가 모임 장소로 이용하기 편하다는 사실을 깨달았다.

　나는 '아이들 도시Kid City'라고 불리는 곳이 가장 좋았다. 학생들은 각자의 작은 칸막이 공간인 큐비클을 만들었는데, 이곳에서는 책을 읽고 글을 쓰거나 혼자만의 시간을 가질 수 있었다. 처음에 학생들은 각 개인 큐비클의 크기를 계산하기 위해서 전체 '아이들 도시' 공간의 크기를 학생 수로 나누었다. 그러나 큐비클을 제작한 뒤에야 서로 만나거나 함께 일할 수 있는 공용 공간이 없다는 사실을 깨달았다. 그래서 도시 디자인 활동의 일부로, 서로 모여서 공용 공간의 크기와 이를 사용하는 규칙을 논의했다.

　내가 브라이트웍스를 방문했을 때는 교육용품 판매회사 임원 몇 사람이 동행했다. 학교를 둘러보고 떠날 때쯤 나는 '프로젝트 기반 학습'의 힘과 가능성에 관해 열띤 이야기를 나누고 싶었는데, 동행한 사람들이 이 학교에 대해 전혀 다른 인상을 받았다는 것을 알아차렸다. 그중 한 사람은 "학생들이 기초적인 것을 배우지 못할까 봐 걱정됩니다"라고 말했고, 다른 사람은 "학교가 기초적인 부분에 먼저 초점을 맞추고 난 다음에 학생들이 이런 프로젝트를 하도록 하면 더 좋지 않을까요?"라고 말했다.

　위와 같은 의견은 '프로젝트 기반 학습'에 대한 공통적인 우려를 반영한다. 프로젝트를 하면서 학생들이 정확하게 무엇을 배울지 사전에 예측하는 것은 상당히 어렵다. 예를 들어, 브라이트웍스 학생들이 극장 무대를 만들기 시작했을 때, 이 일을 끝내기 위해서 알아야 할 수학적 개념에 어떤 것들이 있는지는 정확히 알지 못한다. 그렇기 때문에 사람들은 학생들이 알아야 할 중요한 수학 개념 목록을 먼저 작성한 뒤에, 각 개념을 구체적으로 가르치는 문제와 예제, 설명을 가르치는 편이 더 효율적이지 않나 하고 생각하게 된다.

실제로 이것이 대부분의 교실에서 이루어지는 방식이다. 학생들은 특정 개념을 가르치기 위해 만들어진 교육 내용이나 문제 풀이를 계속해야만 한다. 한 문제 모음은 학생들에게 분수 곱셈을 가르치고, 다른 문제 모음은 기어 작용의 효과를 계산하는 방법을 가르친다.

표면적으로 이 접근법은 의미가 있는 듯 보인다. 그러나 서로 연결되지 않은 문제 모음을 풀면, 왜 이것을 배우는지 또 배운 것을 어떻게 새로운 상황에 적용할지에 대한 이해 없이, 그저 연결되지 않은 지식만 배우는 것으로 끝나고 만다. 그러나 프로젝트 기반 접근 방식은 아주 다르다. 학생들이 프로젝트를 하면서 좀 더 의미 있는 맥락에서 개념을 접하므로, 이깃들이 서로 연계되어 자기 안에 지식으로 쌓인다. 결과적으로 학생들이 새로운 상황에 당면할 때 자기가 갖고 있는 지식에 더 잘 접근할 수 있고 지식의 적용도 더 잘할 수 있다.

더욱 중요한 점은 프로젝트 기반 접근 방식이 '지식'에 대한 폭넓은 시야를 갖게 한다는 것이다. 지식이란 단순히 개념들의 모음이 아니다. 학생들은 프로젝트를 하면서 개념의 연결뿐만 아니라, 무언가를 만들고, 문제를 해결하고, 아이디어를 전달하는 전략도 같이 배운다. 예를 들어 브라이트웍스 학생들은 '아이들 도시' 프로젝트를 하면서, 다른 아이들과 협력하고, 다른 관점을 이해하고, 생소한 상황을 맞이하는 방법도 같이 배우게 된다.

이런 프로젝트 기반 접근 방식은 학생들을 창의적 두뇌로 개발하는 데 특히 적합하다. 학생들은 프로젝트를 하면서 창의적 과정을 이해하게 된다. 즉 '창의적 학습의 선순환'을 배우게 된다. 아이디어에서 시작해서 시제품을 만들고, 다른 사람들과 공유하고, 실험하고, 피드백과 경험으로 아이디어를 개선하는 과정을 반복하게 되는 것이다.

프로젝트 기반 접근 방식에서 가장 큰 이점은 프로젝트가 학습자의 관심사와 연결된다는 것이다. 브라이트웍스 학생들을 살펴보니 아이들은 각자 자기가 좋아하는 프로젝트를 하고 있었다. 아이들이 프로젝트를 얘기하고 향후 방향을 논의하는 모습에서 나는 그들의 자부심과 헌신을 볼 수 있었다. 다음 장에서 논의하겠지만, 이런 열정(창의적 학습의 4P 중 두 번째)은 창의적 학습 과정에 필수적인 요소이다.

스크래치 커뮤니티에서 'JSO'로 알려진 조렌Joren은 벨기에에서 자랐으며 현재 MIT 학생이다.

저자 스크래치를 어떻게 시작하게 되었나요?

조렌 12살이 되었을 때 컴퓨터 게임을 즐겨 해서 게임을 직접 만들 방법을 찾고 있었어요. 구글 검색을 통해 스크래치를 발견하고는 게임을 만들기 시작했죠. 저와 같은 관심사를 가진 사람들이 모인 커뮤니티가 있고, 그들과 제 프로젝트를 공유할 수 있어서 좋았어요.

제 첫 프로젝트는 '공의 여행Ball Travel'이라고 하는, 농구공을 튕겨서 한 공간으로 날아갔다 되돌아오게 하는 간단한 게임이었어요. 저는 스크래치 커뮤니티에서 공이 튕길 때 중력이 적용되는 것처럼 보이게 만드는 방법을 찾았어요. 저는 다양한 레벨을 구상하고 이에 맞추어 이야기를 만드는 게 재미있었죠. 그리고 그걸 웹사이트에 올려서 친구들에게 보여줄 날을 기대하고 있었어요. 그런데 그러기도 전에 "이런저런 기능을 추가했으면 좋겠습니다"라거나 "이런 건 아직 잘 작동하지 않네요"처럼 여러 평가와 제안을 받았어요. 생각 이상으로 이런저런 상호작용이 많았고, 그게 제 생각을 다시 되돌아보게 만들곤 했죠.

저자 2007년 스크래치 커뮤니티가 시작될 때부터 참여했고, 커뮤니티에서 처음 히트한 작품 가운데 하나인 '가상 레고 키트'를 직접 만들었잖아요. 그 프로젝트 아이디어는 어디에서 얻었나요?

조렌 저와 제 남동생은 정말 오랫동안 레고 브릭을 가지고 놀았어요. 우리가 정말 갖고 놀고 싶어 했던 장난감은 레고가 유일했을 거예요. 그 무렵 레고에서 '레고 디지털 디자이너LEGO Digital Designer'라는 응용 프로그램을 만들었는데, 직접 만들 수 없는 것도 스크린에서 만들어볼 수 있어서 흥미로웠어요. 저는 스크래치에서도 아마 그렇게 해볼 수 있지 않을까 하고 생각했어요. 컴퓨터 스크린에서 블록을 그렸고, 다시 하나의 블록 위에 다른 블록을 올렸는데, 마치 3D 모델을 만드는 것처럼 느껴졌어요.

스크린 위의 올바른 위치에 블록을 서로 짜맞추는 게 상당히 복잡했기 때문에 스크래치를 통해서 수학 같은 것을 처음으로 탐구하게 되었어요. 원근법과 등각투영법에 대해 더 배우는 계기도 되었고요.

이 프로젝트는 공유하자마자 매우 큰 인기를 끌었죠. 사람들은 저희 프로젝트를 작은 장난감 상자처럼 사용했어요. 프로젝트를 시작하기 전에는 단 한 명이라도 제 프로젝트를 봐주길 바랐는데, 수천 명이 보았죠. 그들이 제게 많은 피드백과 제안을 해주었고요.

저자 이후 계속해서 자신만의 스크래치 프로젝트를 만들었을 뿐 아니라, 스크래치 커뮤니티에서 새로운 역할을 맡아서 다른 사람들을 돕는 구상을 선도해나가기 시작했죠. 그 이야기를 좀 해줄래요?

조렌 저는 정말 스크래치 커뮤니티에 푹 빠졌어요. 그래서 커뮤니티를 도울 방법을 알고 싶었죠. 처음에는 토론 포럼에서 사회자가 되어 건설적 내용을 추가하고, 다른 회원의 질문에 답하는 걸 도왔죠. 또 스크래치로 상상할 수 있는 모든 것을 문서화한 스크래치 위키Scratch wiki를 만드는 일도 도왔어요. 그것은 스크래치 회원에 의해, 그리고 스크래치 회원을 위해 만들어졌죠.

제 가장 큰 구상은 '스크래치 자원 웹사이트Scratch Resources website'를 만드는 것이었어요. 스크래치는 형상sprites, 소리 sounds, 배경backgrounds으로 구성된 기본적인 표준 라이브러리를 제공해주지만, 회원들 각자가 추가로 만든 다른 구성 요소들을 서로 공유하는 것도 유용하겠다고 생각했어요. 그래서 회원들이 만든 형상, 소리, 배경을 업로드하고 공유하는 별도의 웹사이트를 만들었죠. 그건 커뮤니티에 유용했고, 제가 커뮤니티 웹사이트 만드는 방법을 배우는 기회도 되었죠. 물론 코드를 작성하고 웹사이트를 검토할 때도 다른 회원들의 도움을 받으며 함께 만들었어요.

저자 스크래치에 대한 경험이 다른 프로젝트를 하는 데 어떤 영향을 주었나요?

조렌 스크래치 프로젝트를 통해 저는 프로젝트 작업 과정을 배울 수 있었어요. 저는 스크래치 프로젝트를 시작할 때 제 생각을 어떤 하나로 규정하지 않고, 머릿속의 막연한 아이디어에서부터 출발하게 해요. 스크래치 프로젝트를 진행하면 빠져들고 실험하게 되죠. 무엇을 창작하는 과정에 어떤 문제가 있는지 계속 되묻게 되거든요. 문제를 해결하면서 아이디어를 반복해서 개발할 수 있죠. 어느 시점에서는 스스로에게 무엇을 추가하고 싶은지 물어요. 그렇게 다음 단계를 생각하고는 그것을 진행하죠. 그러고는 이게 맞는 것인지 다시 물어요. 혹시 무언가가 작동하지 않는다면, 그 문제를 해결하려고 커뮤니티에 묻기도 하고요.

일단 작은 아이디어라도 생각났으면 그걸 정형화하거나 완성할 계획을 이론적으로 따질 필요 없이, 바로 무언가를 시도하는 것이 좋더라고요. 저는 거의 모든 프로젝트에서 그러려고 노력해요. 손에 잡히는 무엇으로 시작한 다음, 그것을 계속 개선해나가는 거죠. 작은 것을 만들어 그게 동작하는 것을 보고 조금씩 수정해나가요. 아이디어는 무슨 일이 일어나는지 눈으로 볼 수 있을 때 발전하는 것 같아요.

2007년 이래 제가 해온 대부분의 일이 그랬어요. 오랜 시간이 들었고, 제 인생의 많은 부분을 차지하기도 했어요. 웹사이트 만드는 데 관심이 생겼을 때는 스크래치 프로젝트에서 한 것과 같은 방식으로 진행했어요. 그리고 지금 MIT에서도 같은 방식으로 무언가를 배우고 있죠. 제가 프로그램을 짜거나 목재로 뭘 만들 때도 스크래치에서 배운 반복적인 접근 방식이 제게는 잘 맞아요. 그래서 무엇을 하든지 그런 방식으로 진행하죠.

저자 그 밖에 스크래치 경험을 통해 배운 게 있나요?

조렌 스크래치와 함께하면서 어떤 프로젝트에 대해서든 언제나 저 자신의 아이디어를 갖게 되고 제가 관심이 가는 문제를 하게 되었어요. 주어진 문제의 답을 찾는 것도 흥미롭지만, 자기가 정의한 문제의 답을 찾는 건 더욱 흥미롭죠. 훨씬 큰 동기부여가 돼요.

프로젝트에서 제가 해야 하는 임무나 역할 가운데 제가 좋아하는 무언가를 찾게 되면 정말 좋아요. 프로젝트를 하기도 쉽고 완성하기도 쉽거든요. 그래서 프로젝트 전체 목표가 무엇이든 그것을 완성하기 위해, 제가 가장 빠져들게 되는 부분이나 제가 가장 재미있어하는 접근 방법을 찾으려고 노력해요.

제3장

열정

1989년 12월, 나는 보스턴에 있는 컴퓨터 박
물관에서 교육 코디네이터로 일하는 나탈리 러스크^{Natalie Rusk}로부
터 전화를 받았다. 나탈리는 다가오는 연휴 주간에 박물관을 방
문할 어린이와 가족들을 위한 실습 활동을 계획 중이었고, MIT
미디어랩에서 개발 중인 레고/로고 로봇 활동자료 가운데 일부
를 빌려달라고 요청했다. 나는 이것이 우리의 새로운 기술과 활
동을 활용해볼 좋은 기회라 생각하고 레고/로고 활동자료 모음
을 박물관에 건넸다.

연휴 주간의 두 번째 날, 영어와 스페인어를 섞어 쓰는 아이
들 네 명이 박물관을 방문했다. 아이들 중 11세 소년은 작은 회

색 레고 모터를 집어 들었고, 옆에 있던 박물관 멘토는 그 모터를 작동하는 방법을 보여주었다. 그것을 보고 흥분한 소년은 친구들을 부르기 시작했다. "이것 봐!" 아이들은 함께 레고로 자동차를 만들고 자동차의 움직임을 제어하는 로고 프로그램을 짜는 법도 배웠다. 그 후 아이들은 더 많은 것을 만들고 배우기 위해 박물관에 매일 왔다. 자동차를 가지고 논 아이들은 자동차를 들어 올릴 수 있는 크레인을 만들고 프로그램을 짰다. 또 『윌리 윙카와 초콜릿 공장Willy Wonka & the Chocolate Factory』에서 영감을 얻어 레고/로고를 사용해 초콜릿 공장의 컨베이어 벨트 같은 기계를 만드는 친구도 있었다.

일주일 동안 어린이와 박물관 관계자, 그리고 우리 연구 그룹 모두 값진 경험을 했다. 그리고 일주일이 지난 뒤 우리는 레고/로고 활동자료를 MIT로 다시 가져왔다. 그러나 이야기는 여기서 끝나지 않는다. 그다음 주에 아이들이 다시 박물관을 방문해서 나탈리에게 "레고/로고는요?"라고 물었고, 나탈리는 박물관은 더 이상 그 프로그램을 제공하지 않는다고 말했다. 아이들은 컴퓨터 박물관의 전시품을 둘러보기 시작했지만, 전시는 일방적으로 정보를 전달하는 형식으로 이루어질 뿐 자유로운 창작 경험을 제공해주지는 못했다. 아이들은 실망한 채로 박물관을 떠났다.

몇 주 뒤, 컴퓨터 박물관 관리자가 박물관에 몰래 들어오는 아이들을 주의하라는 이메일을 보내왔다. 알고 보니 레고/로고에 적극적이던 아이들이었다. 그 아이들이 보안 문제를 일으키고 있었던 것이다.

나탈리와 나는 그 아이들을 돕고 싶은 마음이 컸다. 아이들은 창의적 디자인 프로젝트에 참여하고 싶었지만 그럴 만한 곳이 없었다. 나는 나탈리와 함께 가까운 지역의 커뮤니티 센터를 방문해서 그 아이들이 흥미를 느낄 수 있는 방과후 프로그램이 있는지 찾아보았다. 1990년 당시에 커뮤니티 센터들은 이제 막 컴퓨터 기반 활동을 제공하기 시작했고, 일부 센터에서는 워드 프로세싱과 스프레드시트의 기초를 가르치는 수업을 하기도 했다. 다른 곳에서는 청소년들에게 컴퓨터 게임을 하는 시간을 제공하기도 했다. 그러나 이 센터 중 어느 곳도 청소년들에게 자기 자신의 창의적 프로젝트를 개발할 수 있는 기회를 제공하지는 않았다.

나와 나탈리는 박물관에 몰래 들어간 아이들뿐만 아니라 지역 저소득층 청소년의 필요와 관심사에 맞는 새로운 유형의 학습 센터를 구상하기 시작했다. 그 결과 그들이 디지털 기술을 집할 수 있고 창의적 프로젝트에 대한 동기를 부여받고 이를 직접 시도할 수 있는 학습 공간인 '컴퓨터 클럽하우스'가 탄생했다.

컴퓨터 클럽하우스를 디자인할 때 우리는 창의적 학습의 4P 중 두 번째인 '열정'에 특히 관심을 기울였다. 우리는 클럽하우스가 청소년들이 자신의 관심과 열정을 쏟을 수 있는 장소가 되기를 원했다. 컴퓨터 박물관의 몇몇 관리자들은 우리가 매일 피자를 제공해야만 아이들이 컴퓨터 클럽하우스에 올 거라고 말했다. 우리는 물론 그게 효과적일 수도 있겠다고 생각했지만, 음식이 그들을 끌어모으는 핵심 방안이라고 생각하지는 않았다. 피자 유무와 관계없이, 우리가 청소년들의 관심사가 반영된 프로젝트를 할 수 있는 기회를 제공한다면, 그들 스스로 클럽하우스에 오기를 열망할 거라고 믿었다.

그것이 바로 1993년에 첫 번째 컴퓨터 클럽하우스를 열었을 때 생긴 일이다. 예술, 음악, 비디오, 애니메이션에 관심 있는 청소년들이 클럽하우스를 찾았고, 그들이 친구들에게 입소문을 내기 시작했다. 청소년들이 클럽하우스에 입장할 때면 직원들과 어른 멘토들은 그들의 관심사를 물어보고 관심사와 연관된 프로젝트를 시작할 수 있도록 도와주었다. 그들의 관심사는 다양한 형태였다.

- 어떤 청소년들은 특정 기술이나 매체에 큰 관심을 보였다. 예를 들어 어떤 친구들은 비디오 만드는 방법을 배우기를 원하는 반면, 어떤 친구들은 음악을 믹스하는 방법을 배우길 원했다. 어떤 청소년들은 로봇 만드는 방법을 배우고 싶어 했다.

- 어떤 청소년들은 취미와 관련된 프로젝트를 하고 싶어 했다. 스케이트보드를 좋아하는 어떤 클럽하우스 회원은 여러 가지 스케이트보드 기술을 실행하는 방법을 보여주는 일러스트 웹사이트를 만들었다.

- 어떤 청소년들은 살면서 겪은 특정한 경험에서 영감을 받기도 했다. 최근 비행기를 타고 가족과 함께 미국으로 이주한 클럽하우스 회원은 비디오, 애니메이션, 3D 모델 등 모두 비행기와 관련된 일련의 프로젝트를 했다.

- 어떤 청소년들은 자기가 소중하게 생각한 사람으로부터 영감을 받았다. 어렸을 때 아버지를 잃은 한 형제는 부모님과 함께 찍은 사진이 없었다. 그래서 포토샵을 이용해서 어머니와 아버지 사진을 하나로 합성했다.

클럽하우스 회원들은 매일같이 클럽하우스를 방문하면서 프로젝트에 많은 시간을 보냈다. 한번은 지역 학교 선생님이 클럽하우스를 방문해 학생 가운데 한 명이 3D 애니메이션 프로젝트를 진행하는 모습을 보고 충격을 받은 적도 있었다. 선생님은 그 학생이 학교 수업 중에는 항상 딴짓만 했을 뿐, 무언가를 이렇게 열심히 하는 모습을 본 적이 없다고 말했다.

수년간 클럽하우스에서 우리는 앞서 말한 학생과 비슷한 회원들을 많이 접했다. 학교에서는 독서에 전혀 관심이 없는 한 10대 학생은 클럽하우스에 와서는 전문 애니메이션 소프트웨어를 사용하기 위해 참조 매뉴얼을 몇 시간 동안 읽었다. 학교에서는 수업에 무관심하거나 산만해 보이는 학생들도 클럽하우스에서는 쉬지 않고 자신들의 프로젝트에 몰두했다.

대부분의 학교와 비교했을 때, 클럽하우스는 청소년들에게 더 많은 선택의 자유를 준다. 클럽하우스 회원들은 자신이 해야 할 일, 하는 방법 그리고 누구와 함께 할 것인지를 계속해서 스스로 결정한다. 클럽하우스 직원과 멘토들은 청소년들이 자신의 관심사와 재능을 인식하고, 신뢰하고, 발전시키고, 심화하는 것을 도와줌으로써 궁극적으로 '자기주도 학습' 경험을 쌓을 수 있게 만든다.

20년 전 처음 컴퓨터 클럽하우스를 시작한 이래로 많은 변화가 있었다. 그 당시에는 아무도 휴대전화를 가지고 있지 않았으며 소수의 사람만 인터넷에 접속했다. 하지만 오늘날 기술은 3D 프린터와 소셜 네트워크의 확산에 힘입어 예전과는 매우 다르고 종류도 매우 다양하다. 이런 변화에 발맞추어 보스턴의 초기 클럽하우스도 이제는 전 세계의 저소득층 지역에 있는 100여 곳의 클럽하우스와 함께 국제 네트워크를 맺고 있다. 이런 모든 변화 속에서도 열정의 중요성은 꾸준히 강조되고 있으며, 이는 클럽하우스 네트워크 전반에 걸쳐 동기를 부여하고 학습을 지속시키는 원동력이 되고 있다.

넓은
벽

시모어 페퍼트는 학습과 교육을 지원하는 기술을 논의할 때, 종종 '낮은 문턱'과 '높은 천장'의 중요성을 강조했다. 기술이 효과를 발휘하기 위해서는 초보자도 쉽게 시작할 수 있게 하는 '낮은 문턱'과 더불어, 시간이 지남에 따라 점점 더 복잡한 프로젝트를 할 수 있는 '높은 천장'도 제공해야 한다고 주장했다. 예를 들어, 아이들이 로고 프로그래밍 언어를 배울 때는 간단한 삼각형과 사각형을 그리는 데서 시작하지만, 시간이 지남에 따라 점차 더 복잡한 기하 패턴을 그릴 수 있도록 해야 한다는 것이다.

평생유치원 그룹은 새로운 기술과 활동을 개발하는 과정에서 항상 시모어의 조언대로 '낮은 문턱'과 '높은 천장'을 제공하는 것을 목표로 삼고 있었지만, 여기에 한 가지 다른 조건인 '넓은 벽'도 추가했다. 즉, 우리는 낮은 문턱에서 높은 천장까지 가는 단일 경로를 제공하는 것만으로는 충분하지 않고 여러 다른 경로를 제공해야 한다고 생각했다. 그러기 위하여 아이들이 다양한 종류의 프로젝트를 시도해볼 수 있는 기술을 설계하고자 했다. 왜 그럴까? 모든 아이들이 자기의 개인적인 관심사나 열정과 관련된 프로젝트를 하고 싶어 하기 때문이다. 아이들은 각각 다른 열정을 가지고 있으므로, 그들에게 각각 개인적으로 의미 있는 프로젝트를 수행하도록 만들기 위해서는 다양한 유형의 프로젝트를 지원하는 기술이 필요하다.

예를 들어, 스크래치 프로그래밍 언어를 개발할 때, 우리는 사람들이 게임뿐만 아니라 대화형 이야기, 미술, 음악, 애니메이션, 시뮬레이션 같은 다양한 프로젝트도 할 수 있도록 설계했다. 새로운 로봇 기술을 개발하고 도입할 때도 우리의 목표는 언제나 사람들이 자신의 관심사에 바탕을 둔 창의적 프로젝트를 하도록 유도하는 것이었다. 기존 로봇 기술을 개발할 때뿐만 아니라 상호작용하는 조형물이나 악기를 개발할 때도 그랬다. 우리는 기술과 워크숍의 성공 여부를 평가할 때 사람들이 만드는 프로젝트의 다양성을 매우 중요하게 고려한다. 모든 사람들의 프로젝트가 서로 비슷하다면 벽이 충분히 넓지 않았다는 반증이기에, 뭔가 크게 잘못되었다고 느꼈다.

MIT 연구팀이 10~13세 소녀들을 보스턴 컴퓨터 클럽하우스에 모집하는 데 도움이 되었던 2주간의 로봇 워크숍을 예로 들어보겠다. 우리는 워크숍에서 소녀들에게 도전 과제를 제시했다. 일상생활을 개선하기 위해 무언가를 발명할 수 있다면, 과연 무엇을 발명하고 싶은지 묻는 과제였다.

소녀들은 다양한 도구와 재료를 활용할 수 있었다. 책상 위에는 장식물, 파이프 세척제, 다양한 천 조각, 스티로폼 공, 실, 색종이, 색연필 등이 가득했다. 또한 공작 재료 옆에는 마스킹 테이프, 가위, 접착제 등 자르고 연결하는 데 쓸 도구도 있었다. 옆 테이블에는 집과 다른 구조물을 짓기 위한 전통적인 레고 브릭뿐 아니라 레고 모터와 센서, 그리고 손으로 잡을 수 있을 만큼 작지만 프로그래밍 가능한 새로운 레고 브릭이 담긴 큰 바구니가 있었다.

타냐Tanya는 재료를 보자마자 그녀의 애완동물 햄스터를 위한 집을 지어야겠다고 생각했다. 그녀는 레고 브릭으로 집을 짓기 시작했고, 장식과 가구를 추가하기 위해 공작 재료를 사용했다.

또한 타냐는 자신의 햄스터에게 현대적인 편의를 제공해주고 싶어 했다. 그래서 슈퍼마켓에서 흔히 볼 수 있는 자동문을 달아주기로 했다. 그녀는 햄스터가 살 집 문에 모터를 연결하고 빛을 감지하는 센서와 프로그래밍 브릭을 배치했다. 햄스터가 문 근처에 올 때마다 빛 센서가 그림자를 감지해 문이 열리게끔 한 것이다.

처음에 타냐는 애완동물인 햄스터의 편의를 위해 자동문을 만들었지만, 곧 빛 센서를 사용해 자신의 햄스터에 대한 데이터도 수집할 수 있다는 사실을 깨달았다. 그녀는 자신이 잠들어 있는 밤에 햄스터가 과연 무엇을 하는지 궁금했고 그래서 실험을 해보기로 했다. 그녀는 햄스터가 빛 센서를 활성화하는 순간, 예를 들어 햄스터가 매번 집을 들락날락할 때마다 기록하는 프로그램을 만들었다. 그렇게 해서 타냐는 아침에 일어났을 때 햄스터가 밤새도록 무엇을 하고 있었는지 알 수 있었다.

타냐의 실험 결과는 어땠을까? 햄스터가 자고 있었는지는 모르겠지만 전혀 활동하지 않는 긴 시간대가 있다는 사실은 물론, 활동이 매우 활발한 시간대가 있다는 사실도 알게 되었다. 활동이 많은 시간대에는 햄스터가 계속해서 집 안팎으로 움직였고, 그럴 때마다 햄스터의 집 문이 반복해서 열렸다가 닫혔다.

타냐가 자신의 햄스터 집을 가지고 실험할 때, 마리아Mario는 다른 프로젝트를 했다. 마리아가 좋아하는 취미는 롤러 블레이드 타기였다. 그녀는 근처 공원에서 빠른 속도로 롤러 블레이드를 타고 경주하는 것을 좋아했다. 마리아는 항상 자기가 얼마나 빠른 속도로 롤러 블레이드를 타고 있는지 궁금했다. 그래서 마리아는 레고의 새로운 프로그래밍 브릭을 자신의 궁금증을 해결하는 데 사용해보기로 마음먹었다.

멘토 중 한 명이 마리아에게 롤러 블레이드 바퀴 하나에 작은 자석을 부착하는 방법을 알려주었다. 그런 다음 소형 자석 센서를 이용해 자석이 회전할 때마다 이를 감지하는 방법도 알려주었다. 이것으로 마리아는 롤러 블레이드 바퀴의 초당 회전수를 알 수 있었다. 하지만 마리아는 자기 속도가 시속 몇 마일인지 알고 싶었다. 어머니 차에 탈 때 속도계가 시속 30~40마일을 가리키는 것을 보았는데, 자기가 롤러 블레이드를 타는 속도는 자동차 속도와 비교하면 어떤지 궁금했던 것이다.

학교에서 마리아는 이미 한 측정 단위를 다른 측정 단위로 변환하는 수업을 받은 적이 있었다. 선생님이 잘 가르쳐주었지만, 그때 마리아는 별로 주의를 기울이지 않았다. 그 당시에는 중요해 보이지 않았기 때문이다. 하지만 이제 마리아는 자신이 롤러 블레이드를 얼마나 빨리 타는지 알고 싶었기 때문에 단위 변환 방법을 이해하고 싶었다. 그래서 워크숍에서 멘토의 도움을 받아 초당 회전수를 시간당 마일 수로 변환하는 곱셈과 나눗셈을 배웠다. 마리아가 롤러 블레이드를 타는 속도는 기대만큼 빠르지 않았지만, 속도를 알아낼 수 있어 매우 기뻤다.

방 건너편에 있던 라티샤Latisha는 일기장에 적용할 보안 시스템을 생각하고 있었다. 매일 밤 라티샤는 그림과 함께 일기를 썼는데 일기 가운데 많은 부분이 매우 개인적인 내용이었기 때문에, 특히 남동생을 비롯해서 그 누구도 보지 못하게 만들고 싶었다. 레고의 프로그래밍 브릭을 본 라티샤는 일기를 보호할 수 있는 방법을 찾고 싶어졌다. 일단 터치 센서를 일기 받침대에 부착하고 카메라 버튼을 누르는 기능을 만들었다. 일기 받침대에 붙은 터치 센서가 작동하면 카메라 버튼이 눌러지는 간단한 조건-실행문인 IF-THEN 규칙이었다. 만약 라티샤가 주변에 없을 때 그녀의 남동생 혹은 다른 누군가가 일기를 보려 한다면, 카메라가 자동으로 그 증거 사진을 찍을 수 있게 되었다.

많은 요인이 워크숍의 성공에 기여했다. 소녀들은 그들의 상상력을 촉발할 새로운 기술, 익숙한 기술, 첨단 기술 혹은 옛날 기술 등에 보다 쉽게 접근할 수 있었다. 또한 실험하고 탐구하고 처리하기 어려운 문제에 부딪혔을 때 계속해서 이를 추진하고, 일이 잘못되었을 때 새로운 방향을 발견할 수 있을 만한 충분한 시간도 주어졌다. 게다가 창의적일 뿐만 아니라 자신들을 진심으로 응원하는 멘토 팀의 지원도 받았다. 멘토들은 소녀들의 질문에 대답을 해줄 뿐만 아니라 소녀들에게 자주 질문을 던지면서 계속해서 새로운 아이디어를 시도하고 서로의 아이디어를 공유하도록 장려했다.

여기서 가장 중요한 것은 소녀들이 저마다 자신의 관심사를 좇고 있었다는 사실이다. 타냐는 그냥 아무 햄스터가 아니라 자신의 햄스터를 위한 집을 지었고, 마리아는 자기가 좋아하는 취미와 관련된 정보를 수집했고, 라티샤는 자신에게 가장 소중한 소유물을 보호하는 방법을 찾았다. 이처럼 워크숍의 '넓은 벽'은 프로젝트의 다양성과 엄청난 창의성을 이끌어낸다.

어려운 재미

벤 프랭클린^{Ben Franklin}은 이렇게 말했다. "지식에 투자하는 것은 언제나 최고의 이자를 지급한다." 나는 이 경구를 뒤엎는 말을 남기고 싶다. "관심사에 투자하는 것은 언제나 최고의 지식으로 보상받는다."

사람들은 자기가 관심 있는 일을 할 때 더 많은 동기를 부여받고, 기꺼이 더 오래 더 열심히 일하려는 의지를 드러낸다. 하지만 이것이 전부가 아니다. 그들의 열정과 동기부여는 새로운 아이디어로 연결되어 새로운 사고방식을 개발할 가능성을 높인다. 결국 '관심사'에 대한 투자는 새로운 지식으로 보상받게 된다.

청소년들의 관심사는 처음에는 다소 얕거나 사소하다고 여겨질 수 있다. 하지만 올바른 지원과 격려를 받는다면, 청소년들도 자신의 관심사와 관련된 지식 네트워크를 구축할 수 있다. 예를 들어, 자전거 타기에 대한 관심은 변속기어의 원리, 균형 잡기에 관련된 물리학, 시대에 따른 자동차의 진화, 다양한 운송수단의 환경적 영향에 대한 탐구로 이어질 수 있다.

컴퓨터 클럽하우스에서 나는 학교에 싫증을 느끼고 수업 시간에 전달받는 지식에 거의 관심을 기울이지 않는 청소년들을 자주 접한다. 그런데 클럽하우스에서는 자신이 중요하게 생각하는 프로젝트를 진행하는 까닭에 학교에서 배운 것과 똑같은 지식을 접하더라도 그들은 그 지식에 깊이 몰입한다.

로스앤젤레스에 있는 컴퓨터 클럽하우스를 방문했을 때 컴퓨터 게임을 좋아하는 레오라는 13세 소년을 만났다. 레오는 클럽하우스에서 멘토에게 스크래치를 사용해 게임을 만드는 방법을 배웠다. 레오는 내게 자신이 만든 스크래치 게임 중 하나를 자랑스럽게 보여주었는데, 한눈에 보아도 그가 프로젝트를 매우 열심히 했다는 사실을 알 수 있었다. 레오는 자신의 관심사인 게임을 기반으로 게임 제작에 대한 열정을 키우고 있었다.

하지만 내가 찾아간 날, 레오는 좌절 상태에 빠져 있었다. 그는 게임에 점수 매기는 기능을 더한다면, 다른 사람들이 훨씬 더 흥미로워할 것이라고 생각했다. 레오는 주인공이 괴물을 죽일 때마다 점수가 올라가기를 원했지만, 어떻게 해야 그럴 수 있는지 몰랐다. 다양한 방법을 시도했지만 어떤 것도 효과가 없었다.

나는 레오에게 그가 처음 접하는 스크래치 기능인 '변수'를 보여주었고, 레오와 함께 '점수'라는 '변수'를 만들었다. 스크래치 소프트웨어는 자동으로 점수 값을 표시하는 작은 상자를 스크린에 추가했으며, 그 점수 값을 바꾸기 위한 새로운 프로그래밍 블록도 추가했다. 블록 중 하나는 다음과 같은 명령을 수행했다. "점수를 1만큼 올린다." 레오는 블록을 보자마자 무엇을 해야 하는지 단번에 알아차렸고, 점수를 올리고 싶을 때마다 그 블록을 프로그램에 삽입했다. 그는 새롭게 개선된 게임을 다시 시도했고, 게임에서 괴물을 죽일 때마다 점수가 올라가는 것을 확인하고 매우 기뻐했다.

레오는 손을 내밀어 내게 악수를 청하며 소리쳤다. "감사합니다! 감사합니다! 감사합니다!" 레오가 기뻐하는 모습을 보니 나도 기분이 좋았다. 나는 생각했다. 얼마나 많은 수학 선생님들이 학생에게 변수를 가르쳐준 데 대해 감사 인사를 받았을까? 대부분의 수학 수업은 학생들이 흥미와 열정을 갖지 못하는 방식으로 변수를 가르치기 때문에 이런 감사 인사를 받는 일은 거의 일어나지 않는다. 그러나 클럽하우스에서 레오가 얻은 경험은 달랐다. 레오는 게임에 관심이 많았기 때문에 변수에도 관심이 생겼다.

이런 광경은 스크래치 커뮤니티에서 흔히 목격할 수 있다. 12살 난 어떤 소녀는 애니메이션 스토리를 만들던 중 캐릭터 두 명을 스크린의 특정 지점에서 동시에 만날 수 있게 하려고 시간, 속도, 거리 사이의 관계에 대해서 배웠다. 다른 9살 소녀는 학교에 제출할 동화 『샬롯의 거미줄Charlotte's Web』 독후감을 애니메이션 형식으로 만드는 도중, 스크린의 서로 다른 지점에서 동물들을 보이게 하려고 미술적 개념인 원근법과 수학적 개념인 '스케일링scaling'을 공부했다. 모두 다 어려운 개념이었지만, 앞서 언급한 아이들 모두 변수와 속도, 원근감, 또는 스케일링을 배우는 데 열심이었으며, 이는 모두 자신이 작업하고 있는 프로젝트에 대한 열정 때문이었다.

시모어 페퍼트는 이런 유형의 학습을 '어려운 재미Hard fun'라고 부른다. 많은 선생님과 교육 관계자들은 아이들이 쉬운 걸 원한다는 가정 아래 흔히 수업을 더 쉽게 하려고 노력한다. 하지만 이것은 옳지 않다. 대부분 아이들은 자신이 좋아하는 것을 할 때 더 열심히 하려 하고 실제 노력도 더 많이 쏟는다.

‘어려운 재미’가 느껴지는 활동에 참여할 때, 아이들은 그 활동과 연관된 개념에도 열중하게 된다. 어른들은 "아이들이 무언가를 배우고 있는지 모를 만큼 너무나 재미있어한다"라는 말을 굉장히 호의적으로 이야기한다. 그러나 이 자체가 목표가 되는 것은 옳지 않다. 아이들이 자신이 배운 내용을 되짚어보고 새로운 아이디어와 새로운 전략에 대해 명확하게 생각할 수 있도록 만드는 것이 중요하다. 레오는 자신의 게임을 만들면서 점수를 기록하기 위해 변수를 사용한 뒤, "변수로 무엇을 할 수 있어요? 또 변수를 어떻게 사용할 수 있어요?"라고 물으며 변수에 대해 더 알고 싶어 했다.

최고의 학습 경험은 몰입^{Immersion}과 성찰^{Reflection}을 반복하는 단계를 거친다. 발달 심리학자인 에디스 액커만^{Edith Ackermann}은 이것을 ‘뛰어들고 물러서기^{Diving in and Stepping back}’ 과정이라고 설명했다. 사람들은 열정이 느껴지는 프로젝트에 참여할 때 스스로 뛰어들고 집중한다. 그들은 몇 시간 또는 그 이상 거기 빠져 있으면서도 시간이 지나가고 있음을 거의 인지하지 못한다. 심리학자인 미하이 칙센트미하이^{Mihaly Csikszentmihaly}가 말하는 ‘완전 몰입 상태^{Flow}’에 빠진 것이다.

그러나 뒤로 한 걸음 물러서서 자신의 경험을 되돌아보는 것도 중요하다. 성찰을 통해 여러 아이디어를 연결하고, 어떤 전략이 가장 효과적인지 더 깊이 이해하며, 이제까지 배운 내용을 미래의 새로운 상황에 잘 활용하도록 준비할 수 있다. 성찰 없는 몰입을 통해 만족감을 느낄 수 있을지는 모르지만, 그것만으로는 완전하지 않다.

열정은 몰입–성찰의 사이클을 움직이는 연료이다. 이것은 모든 연령층의 학습자에게 해당된다. 나는 MIT 대학원생들에게 논문 주제를 찾을 때 반드시 자신의 열정이 반영된 주제를 찾으라고 조언한다. 논문을 연구하고 쓰는 일에는 많은 어려움과 좌절감이 따르기 때문에 포기하고 싶을 때가 많다. 그러나 그들이 진정으로 열정을 느끼는 주제를 탐구하는 경우에는 이런 어려움 속에서도 연구를 지속하고 견딜 수 있을 것이다.

게임화

2011년 TED 콘퍼런스에서 살 칸^{Sal Khan}은 '영상을 이용해 교육을 재창조하자'라는 발표를 했다. 그는 수학, 과학, 미술, 경제 및 기타 분야의 짧은 교육 영상을 제공하는 엄청난 인기 웹사이트인 칸아카데미^{Khan Academy}에서 하는 자신의 업무에 대해 설명했다. 발표가 끝나자 마이크로소프트 창립자인 빌 게이츠^{Bill Gates}가 무대로 나와서 칸에게 몇 가지 질문을 던졌다. 그 질문의 한 부분이 내 관심을 끌었다.

게이츠: 동기를 부여하고 피드백을 주기 위하여 에너지 포인트^{energy points}와 메리트 배지^{merit badges} 같은 것을 시스템에 포함시켰습니다.

어떤 생각이었는지 말씀해주세요.

칸: 네, 배지를 모으는 등 많은 게임 요소를 접목했습니다. 분야별로 선두주자를 매기고, 그들에게 점수를 주기 시작했죠. 그러자 상당히 흥미로운 일이 일어났어요. 학생들이 웹사이트에 들어와서 하는 일에 어떤 배지를 주고 어떤 점수를 주는가에 따라 시스템 전반에 걸쳐 수만 명의 5, 6학년 학생들이 한 방향 또는 다른 방향으로 움직이는 것을 볼 수 있었습니다.

청중들은 웃음과 박수를 터뜨렸다. 그들은 학생들에게 점수와 배지를 줌으로써 학생들을 특정 방향으로 움직이도록 조종할 수 있다는 아이디어를 좋아했다.

이런 예는 그렇게 특별하지 않다. 거의 모든 사람이 교육의 '게임화Gamification'에 사로잡혀 있다. 아이들이 컴퓨터 게임을 할 때를 보면 점수 같은 보상을 모으는 데서 동기부여가 되는 것을 분명히 알 수 있다. 그렇다면 교육에도 동일한 접근 방식을 적용하면 어떨까? 아이들이 게임에서와 마찬가지로 교육 활동에서도 포인트나 보상을 받을 수 있다면 더 열심히 배우려 들지 않을까?

게임화는 이제 보편적 수단이 되었다. 교실에서 아이들은 스티커와 금색 별로 보상을 받는다. 교육용 앱에서도 점수와 배지로 보상을 준다. 이 접근법은 교육 심리학의 오랜 전통에 기반하고 있다. '행동주의'로 불리는 심리학 분야의 선구자인 에드워드 손다이크Edward Thorndike와 스키너B. F. Skinner 같은 연구자들은 어떤 행동을 장려하기 위해 보상이 작용하는 힘이 얼마나 큰지 잘 보여주었다. 그들의 이론은 20세기의 교실 또는 회사를 경영하는 전략에 많은 영향을 미쳤다.

그러나 최근의 연구는 이런 행동주의적 접근 방식의 장기적 가치에 의문을 제기한다. 특히 창의적 활동에 있어서 더욱 그렇다. 보상은 단기적으로 행동을 바꾸도록 동기를 부여하는 데 활용할 수 있지만, 장기적 효과는 사뭇 다르다는 것이 최근에 알려진 사실이다. 다니엘 핑크Daniel Pink는 『드라이브: 우리를 동기부여하는 놀라운 진실Drive: The Surprising Truth About What Motivates Us』*이라는 그의 저서에서 그 차이점을 이렇게 설명했다. "카페인을 섭취하면 몇 시간 잠을 쫓을 수 있는 것처럼 보상은 단기간의 촉진제가 될 수 있다. 그러나 그 효과는 결국 사그라지며, 심지어 일을 지속할 수 있는 장기적인 동기마저 줄여버린다."

* 국내에는 『드라이브: 창조적인 사람들을 움직이는 자발적 동기부여의 힘』으로 소개되었다.

핑크는 동기부여에 있어 보상의 한계를 보여주는 여러 연구 결과에 대해 이야기했다. 에드워드 데시^{Edward Deci}가 수행한 한 연구에서, 대학생들은 퍼즐을 풀라는 요청을 받았다. 학생들은 두 그룹으로 나뉘었다. 한 그룹의 학생들은 퍼즐을 풀 때마다 돈을 받았고, 다른 그룹의 학생들은 돈을 받지 않았다. 당연히 돈을 받은 그룹의 학생들이 돈을 받지 않은 그룹의 학생들보다 퍼즐에 더 많은 시간을 썼다. 다음 날도 학생들은 퍼즐을 풀기 위해 초대받았지만 이번에는 두 그룹 모두에게 돈을 지급하지 않았다. 어떤 일이 일어났을까? 어제 돈을 지급받은 그룹의 학생들은 돈을 지급받지 않은 그룹의 학생들보다 퍼즐에 더 적은 시간을 썼다. 즉, 첫날 돈을 받은 학생들은 돈을 받지 못한 학생들에 비해 동기가 줄어든 것이다.

마크 레프^{Mark Lepper}와 동료들이 수행한 다른 연구에서는 대학생이 아닌 유치원생을 대상으로 현금이 아닌 인증서를 제공했다. 하지만 결과는 비슷했다. 한 그룹의 학생들에게는 그림을 그리면 '뛰어난 학생'이라는 인증서를 주었고, 다른 그룹의 학생들에게는 그러지 않았다. 2주 뒤, 연구진은 아이들에게 더 많은 그림을 그리라고 요청했지만 인증서는 주지 않았다. 그 결과, 2주 전 인증서를 받았던 학생들은 더 이상 그림 그리기에 큰 관심을 쏟지 않았고 그리는 시간도 훨씬 적게 들였다.

창의적 활동에서 보상의 효과란 더욱 부정적이다. 창의적 사고가 요구되는 문제에서 참가자에게 보상을 하는 경우 문제를 해결하는 데 더 오랜 시간이 걸린다는 연구 결과도 여럿 나와 있다. 보상이나 대가에 이끌리면 사람들의 시야가 좁아지고 창의성이 제한되기 때문일 것이다. 창의력을 연구하는 테레사 애머빌Teresa Amabile은 예술가의 그림과 조각에 대해서도 비슷한 분석을 했다. 자신의 작품에 대한 비용을 지급받은 예술가는 무엇을 만들지에 관해서 아무런 제약이 주어지지 않더라도 창의성이 부족한 작품을 만들어냈다.

만약 특정 시간 안에 특정 작업을 수행하도록 누군가를 훈련하는 것이 목표라면 게임화가 효과적인 전략이 될 수 있다. 작업을 게임으로 바꾸고 점수나 다른 인센티브로 보상하면 사람들은 보다 빠르고 효율적으로 배운다. 그러나 당신의 목표가 사람들을 창의적 두뇌나 평생 학습자로 개발하려는 것이라면 그와는 다른 전략이 필요하다. 외적 보상을 제공하기보다는 그들의 내적 동기를 이끌어내는 편이 더 효과적이다. 즉 그들 스스로 흥미와 만족감을 얻을 수 있는 문제나 과제에 도전하고 싶은 내적 욕구를 이끌어내야 한다.

이것이 스크래치 온라인 커뮤니티에서 사용하는 접근 방법이다. 대부분의 아동용 웹사이트와는 달리, 스크래치는 어떤 명시적인 점수, 배지 또는 레벨을 제공하지 않는다. 우리는 상호작용하는 스토리, 게임, 애니메이션을 만드는 창의적 활동에 초점을 맞춘다. 우리는 아이들이 상이나 보상을 받기 위해서가 아니라 프로젝트를 즐기고 공유하기 위해서 스크래치 웹사이트에 스스로 찾아오기를 희망한다.

스크래치 온라인 커뮤니티에서 일종의 보상으로 간주될 수 있는 것이 있다. 바로 MIT 스크래치 팀이 홈페이지에 소개하는 특정 프로젝트에 선정되는 것이다. 실제로 스크래치 커뮤니티 구성원들은 자신의 프로젝트가 소개되면 매우 좋아한다. 그러나 우리의 의도는 특정 커뮤니티 구성원에게 보상을 주려는 것이 아니라, 커뮤니티 전체에 영감을 줄 수 있는 창의적 프로젝트를 강조하려는 것뿐이다. 회원들의 프로필 페이지를 보아도 각 회원의 프로젝트가 추천된 횟수에 대한 언급은 없다. 그 대신 그 회원이 만들고 공유한 프로젝트가 프로필 페이지의 중요 사항이다. 우리는 스크래치 커뮤니티 회원들이 그들이 받은 보상이 아니라 그들이 수행한 프로젝트 포트폴리오를 자랑스럽게 여기기를 바란다.

스크래치 커뮤니티 회원 중 일부는 웹사이트에 나타나는 숫자로 서로를 경쟁시키며 웹사이트를 게임화하려고 한다. 프로젝트가 가장 많은 사람이 누구인가? 팔로어가 가장 많은 사람은 누구인가? 어떤 프로젝트가 가장 많은 사랑을 받았는가? 그러나 우리는 스크래치 웹사이트 디자인을 통해서 이런 경쟁을 억제하려고 노력한다. 우리는 온라인 커뮤니티 회원들이 이런저런 점수 같은 데 신경 쓰느라 시간을 낭비하길 원하지 않는다. 예를 들어 어떤 회원이 100개 이상의 프로젝트를 했으면 프로필 페이지에는 정확한 개수 대신 그냥 '100+'라고 표시한다. 우리는 회원들이 누가 가장 많은 프로젝트를 수행하는지보다 프로젝트의 창의성과 다양성에 집중하기를 원한다.

우리는 외적 보상과 게임화가 가져오는 효과를 충분히 이해한다. 그렇지만 내적으로 동기부여가 되는 것이 장기적인 참여와 창의성의 핵심이라는 사실을 더 잘 알고 있다.

개인화

최근 몇 년 동안 많은 사람이 '개인 맞춤형 학습Personalized Learning'에 관심을 갖게 된 것 같다. 개인 맞춤형 학습이라는 용어는 다양한 교육자와 연구원, 개발자, 정책 입안자들 사이에서 사용되지만, 그 의미에 대해서는 저마다 생각이 다르다. 사람들이 개인 맞춤형 학습에 관해 말하는 내용을 자세히 들어보면 각자 매우 다른 의미로 그 용어를 사용하고 있는 것을 알 수 있다.

몇 년 전, 대규모 교육 출판사가 주최한 콘퍼런스에서 기조연설을 하면서 나는 개인 맞춤형 학습에 대해 사람들의 생각이 얼마나 다른지 충분히 알 수 있었다. 콘퍼런스를 주최하는 출판사가 학교에서 사용하는 표준 시험문제 개발을 선도하는 기업이었기에 기조연설을 하는 게 조금 꺼려졌지만, 개인 맞춤형 학습이 그 콘퍼런스의 주요 주제였던 터라 관심을 가졌다. 이 개인 맞춤형 학습이란 주제를 통해서 그 출판사와 어떤 공통점을 찾을 수 있을지도 모른다고 생각했다. 교육의 표준화와 개인화라는 스펙트럼 사이에서 나는 확실히 개인화를 지지하는 쪽이다.

콘퍼런스가 시작되면서, 나는 콘퍼런스 주최자들이 개인화에 대해 나와 매우 다르게 생각한다는 것을 금방 깨달았다. 콘퍼런스에서 나온 발표는 학생들에게 전달할 학습 내용을 학생 개개인에 맞춤화하는 새로운 소프트웨어 시스템에 초점을 맞추고 있었다. 이 소프트웨어는 주기적으로 학생들에게 질문을 한 다음, 학생들의 답변에 따라 후속 학습을 맞춤화한다. 한 학생이 잘못된 응답을 하면 시스템은 같은 주제를 더 많이 학습시킨다. 예를 들어 인치-센티미터 변환을 잘못 하면 시스템은 다른 측정 단위 간 변환을 설명하는 애니메이션이나 동영상 학습을 제공한다.

이런 맞춤형 시스템의 장점은 이해하기 쉽다. 학생 각자의 지식 수준이나 답변 수준에 관계없이 모두에게 동일한 교육을 제공하는 시스템과 비교할 때면 특히 두드러진다. 개인적 요구에 지속적으로 맞추어주는 개인교사를 원하지 않는 사람이 있을까? '개인 맞춤형 교습 시스템^{Personalized Tutoring System}'의 성능은 머신러닝 및 인공지능 분야의 지속적인 발전에 힘입어 앞으로 더욱 향상될 것이다.

그러나 나는 이런 개인 맞춤형 교습 시스템에 대해 회의적이다. 한 가지 문제점이라면, 이런 시스템은 지식이 잘 정의되어 있고 고도로 구조화되어 있는 영역에서만 제대로 작동할 수 있다는 것이다. 이런 분야에서는 컴퓨터가 객관식 질문과 다른 간단한 방법을 통해 학생의 이해도를 쉽게 평가할 수 있다. 그러나 컴퓨터가 디자인의 독창성, 시의 아름다움, 논쟁의 윤리성을 평가할 수는 없다. 만일 학교가 이런 개인 맞춤형 교습 시스템에 더욱 의존하게 된다면, 우리의 교육이 자동화된 방식으로 평가하기 쉬운 영역에만 더 집중되는 게 아닐까?

그런데 이보다 더 중요한 문제는 과연 어떻게 통제하느냐이다. 학습 과정의 속도와 방향, 내용을 컴퓨터 시스템이 통제하도록 두어야 할까? 개인 맞춤형 학습에 대한 내 비전은 이와는 매우 다르다. 나는 학습자가 학습 과정을 더 많이 선택하고 통제해야 한다고 생각한다. 학습 방법, 학습 내용, 학습 시기, 학습 공간 등을 학습자 자신이 통제할 수 있어야 한다. 학습자가 더 많은 선택권과 통제권을 가지면 자신의 관심과 열정에 기반하여 학습하게 되며, 그때 학습은 더욱 개인 맞춤형이 되고, 더 큰 동기를 부여받으며, 더욱 의미 있어진다.

일부 개인 맞춤형 학습 시스템은 주어진 '학습 모듈' 모음에서 원하는 것을 선택해 자신만의 '학습 목록'을 구성하게 함으로써 학습자들이 더 많은 통제권을 갖도록 배려한다. 학생들은 각 모듈을 언제 그리고 얼마나 공부할지 결정한다. 이는 올바른 방향으로 나아가는 중간 단계이긴 하지만 여전히 너무 제한적이다. 이런 시스템에서는 학생들이 학습 활동의 순서와 속도를 통제할 수는 있지만, 학습 활동 자체를 통제하지는 못한다.

우리는 스크래치 프로그래밍 웹사이트를 개발하면서 모든 사람이 개인화된 학습 경로를 가질 수 있고 또 그것을 볼 수 있도록 고려했다. 우리는 모든 종류의 프로젝트(게임, 이야기, 애니메이션)를 지원할 수 있는 사이트를 설계하여, 누구나 자신의 관심과 열정에 부합하는 선택을 할 수 있도록 했다. 또한 다양한 경로를 통해 스크래치를 시작할 수 있도록 광범위한 주제를 다룬 설명서를 포함시켰다. 자신의 이름으로 애니메이션을 만들고 싶은가? 그것을 위한 설명서가 있다. 탁구 게임을 만들고 싶은가? 그것에 대한 설명서도 있다. 친구에게 대화형 생일 카드를 보내고 싶은가? 당연히 그것에 대한 설명서도 있다.

아이들이 자신의 프로젝트를 개인화할 수 있도록, 우리는 다른 웹사이트에서 이미지와 사운드를 쉽게 옮겨올 수 있도록 했다. 또한 컴퓨터에 장착된 카메라와 마이크를 이용해 프로젝트에서 자기 자신을 쉽게 표현할 수 있도록 했다. 사용하기 쉬운 페인트 편집기를 개발해서 아이들이 자신의 캐릭터와 배경을 그릴 수 있게 했다. 어떤 사람들은 왜 우리가 이런 미디어 지향적인 도구와 기능에 많은 노력을 기울이는지 의문을 제기한다. 왜 그저 아이들에게 프로그래밍을 가르쳐주는 일에 집중하지 않는지 질문한다. 스크래치를 출시한 직후, 우리 접근법에 대해 처음에는 회의적이었던 한 컴퓨터 과학자(스크래치 회원의 부모이기도 하다)로부터 다음과 같은 메시지를 받았다.

처음에 저는 왜 아이가 배우는 프로그래밍 언어가 미디어 중심적이어야 하는지 알지 못했지만, 우리 아이들이 스크래치와 상호작용하는 모습을 보고 나서야 그 이유를 깨달았습니다. 스크래치의 가장 좋은 점은 아이들이 개발 프로세스에 적극적으로 참여하고 개인화된 콘텐츠를 열심히 추가함으로써, 그런 개발 경험을 새로운 방식으로 개인화한다는 겁니다. 스크래치는 저마다 자신의 사진과 목소리를 스크래치 환경에 쉽게 추가할 수 있어서 아이들이 재미있는 시간을 보내면서 동시에 뭔가를 배울 수 있도록 해줍니다.

개인화에 대한 스크래치의 접근법은 아이들에게 코딩을 가르치기 위해 일련의 퍼즐을 풀도록 하는 대부분의 코딩 학습 사이트와는 대조된다. 퍼즐은 표준화되어 있다. 따라서 그런 사이트는 진도를 추적해 개인화된 지침과 조언을 줄 수 있을지는 몰라도, 아이들에게 개인적으로 무언가를 표현할 기회를 주지는 못한다. 스크래치는 정반대다. 아이들은 원하는 것이라면 무엇이든지 만들 수 있다.

물론 그렇기 때문에 피드백이나 가이드를 자동으로 제공하기는 어렵다. 하지만 그들의 관심사를 반영하고 상상력을 자극하면서 아이들이 더 많은 것을 얻도록 이끌 수 있다.

　　사람들은 학습에 대한 컴퓨터 클럽하우스의
접근법이 '체계'가 부족하다고 종종 말하곤 한다. 나는 그런 말을
들을 때면 당황스럽다. 우리가 클럽하우스를 전통적인 학교 교
실과는 매우 다르게 만들고 있는 것은 사실이다. 우리는 선생님
들이 클럽하우스 앞에 서서 가르치는 것을 원하지 않고, 모든 클
럽하우스 회원들이 같은 활동을 같은 시간에 같은 순서로 해야
하는 표준 커리큘럼을 제공하지도 않는다. 그러나 나는 클럽하
우스에 체계가 없다고는 생각하지 않는다. 단지 다른 체계를 가
지고 있을 뿐이다.

　　우리는 클럽하우스 회원들에게 상상력을 자극하기 위해 샘플

프로젝트를 보여주고, 회원들이 자기 작품을 전시하는 특별 이벤트를 개최한다. 이런 것들이 체계에 해당한다. 우리는 성인 멘토들이 클럽하우스 회원들의 프로젝트를 도와주는 기회를 제공한다. 이것도 하나의 체계이다.

컴퓨터 클럽하우스의 기본 원칙 중 하나는 회원들에게 정말로 자기가 좋아하는 프로젝트를 하게 만드는 것이다. 회원들에게 자신의 환상을 좇을 '자유'를 주어야 한다. 동시에 회원들이 그들의 환상을 현실로 바꿀 수 있도록 이에 필요한 '체계'와 지원을 제공하는 것이 중요하다.

자유와 체계 사이의 올바른 균형을 찾는 것이 창의적 학습을 위한 비옥한 환경을 만드는 열쇠이다. 이는 클럽하우스에서뿐만 아니라 교실, 집, 도서관, 박물관 및 기타 어디에서나 해당하는 사항이다. 사람들은 흔히 자유와 체계 사이에 선을 긋고는, 학습 환경을 어떤 한 범주 또는 다른 범주에 넣으려 한다. 그러나 실제로 모든 학습 환경에서는 어느 정도의 자유와 어느 정도의 체계가 둘 다 필요하다. 문제는 자유와 체계가 바람직한 형태로 서로 균형을 이루어야 한다는 것이다.

새로운 직원이나 멘토가 컴퓨터 클럽하우스에서 일을 하기 시작하면 때때로 자유와 체계 간의 균형을 이해하는 데 어려움을 겪는다. 그들은 클럽하우스가 아이들 자신이 관심 있는 것을 하도록 격려해야 한다는 말을 들으면, 어른들이 나서면 방해가 될 수 있으니 중간에 끼어들지 말고 클럽하우스 회원들이 모든 것을 스스로 하도록 두어야 한다고 생각하기도 한다. 예를 들어 한 멘토가 클럽하우스 회원들에게 애니메이션 만화책 만드는 방법을 배울 워크숍을 제안했다. 그러자 다른 클럽하우스 직원은 그 제안을 듣고는 "클럽하우스에서는 워크숍을 하지 않습니다. 우리는 클럽하우스 회원들이 자신의 관심사를 따라가도록 해야 합니다"라고 거부했다.

이것은 클럽하우스 접근법에 대한 오해이다. 만약 그게 모든 클럽하우스 회원들이 의무적으로 배워야 하는 애니메이션 워크숍이라면, 나는 물론 반대한다. 그러나 회원들이 참여 여부를 선택할 수 있다면, 클럽하우스 회원들을 위해 워크숍을 여는 것은 좋은 아이디어다. 이런 워크숍은 클럽하우스 회원들에게 자기가 관심 있는(또는 관심 없는) 분야를 발견하고, 그 관심 분야를 파고드는 데 필요한 새로운 기술을 습득하도록 도와준다.

카렌 브레넌Karen Brennan은 체계성Structure과 자율성agency 사이의 관계를 탐구하면서 이런 문제에 대해 심도 있는 연구를 했다. 카렌은 박사 논문을 쓰기 위해 청소년들이 스크래치를 집(온라인 커뮤니티를 통해)과 학교 교실에서 어떻게 다르게 사용하는지 연구했다. 그녀는 사람들이 이 두 상황을 양극단으로 바라보는 경향이 있다고 지적했다. 온라인 커뮤니티는 흔히 아이들에게 자율은 많고 체계는 부족한 환경으로 간주된다. 이런 환경에서 아이들은 어떤 스크래치 프로젝트를 하고 또 어떻게 할지를 자유롭게 결정한다. 반면에 학교 교실은 일반적으로 체계는 많고 자율은 부족한 환경으로 받아들여진다.

카렌은 연구에서 너무 많은 체계와 너무 적은 체계 둘 다 문제가 될 수 있다는 사실을 발견했다. 체계가 너무 많으면 아이들은 자기가 원하는 것을 할 수 없다. 또 체계가 너무 적으면, 아이들은 아이디어를 찾거나 이를 실행하는 것을 어려워한다. 카렌은 체계와 자율이 서로 대립되는 관점을 거부한다. 오히려 '학습자의 자율이 강화되도록 체계를 사용하는' 학습 환경을 제안하면서 '두 가지 장점의 합'을 주장한다.

제이 실버Jay Silver는 아이를 위한 발명 키트를 개발하면서 비슷한 문제를 다루었다. 발명 키트가 어떤 틀이 없는 개방형open-ended이면 아이들은 상상하는 것은 무엇이든 발명할 수 있다. 하지만 어떤 아이들은 처음 키트를 접할 때 더 많은 체계와 지원이 필요했다. 많은 사람에게 창의적 프로젝트를 시작할 때의 텅 빈 페이지(또는 텅 빈 캔버스 또는 텅 빈 스크린)보다 더 무서운 것은 없다. 그래서 제이는 시작할 때는 틀이 있지만, 그다음에는 틀이 없이 개방형으로 유지되는 학습 환경을 만들고 싶어 했다. 즉, 프로젝트를 시작할 때는 많은 체계와 골격이 주어져서 '제한적으로 시작closed-started'하지만, 그런 다음에는 학습자의 관심과 아이디어, 목표를 제한 없이 추구할 수 있도록 하는 것이다.

스크래치의 미래 버전을 개발하면서 우리는 유사한 문제를 다루고 있다. 전 세계 수백만 명의 아이들이 스크래치로 게임과 이야기, 애니메이션을 제작하고 있지만 일부 어린이는 스크래치를 시작하는 데 어려움을 겪고 있음을 알고 있다. 스크래치 사이트를 본 그들은 수많은 옵션에 압도당한다. 그런 까닭에 아이들이 스크래치를 처음 시작하는 데 도움이 되는 더 많은 체계와 지원을 제공해야 한다. 그러나 동시에 우리는 새로운 사람들이 자신의 관심과 열정을 자유롭게 추구할 수 있도록 해야 한다. 그것이 바로 스크래치 경험의 핵심이기 때문이다.

우리는 이런 문제를 해결하기 위해 '관심 기반 마이크로월드interest-based microworlds' 컬렉션을 만들어가고 있다. 각 마이크로월드는 특정 유형의 프로젝트를 지원하기 위하여 선택된 프로그래밍 블록과 그래픽 자원 모음으로 이루어진, 스크래치의 단순화된 버전이다. 예를 들어, 어떤 마이크로월드는 힙합 댄스 애니메이션을 위해 정교하게 튜닝되어 있다. 다른 마이크로월드는 인터랙티브 축구 게임을 위해 디자인되어 있다. 각각의 마이크로월드는 틀이 있어서 쉽게 시작할 수 있지만, 아이들이 스스로를 창의적으로 표현할 수 있도록 충분히 열려 있는 구조다. 더욱 중요한 것은, 아이들이 마이크로월드에서 작업한 프로젝트를 일반 스크래치 환경으로 그대로 옮겨올 수 있다는 점이다. 이런 식으로 아이들이 준비가 되면 일반 스크래치 환경에서 더 복잡하고 다양한 프로젝트를 할 수 있도록 원활한 통로를 제공하고자 한다.

우리의 궁극적 목표는 처음 오는 사람들이 손쉽게 스크래치를 경험하도록 지원하는 체계를 만들면서, 동시에 그들이 스크래치에 익숙해지면 자신의 관심사에 따라 이를 창의적으로 표현할 수 있도록 하는 것이다.

그들 자신의 목소리로: 젤리사

어렸을 때 젤리사 Jaleesa 는 워싱턴 주 터코마에 있는 컴퓨터 클럽하우스의 회원이었다. 현재 28살인 젤리사는 터코마 컴퓨터 클럽하우스 코디네이터이며, 현지 고등학교에서 컴퓨터 수업을 맡아 아이들을 가르치고 있다.

저자 컴퓨터 클럽하우스를 어떻게 접하게 되었나요?

젤리사 저는 처음에는 컴퓨터 클럽하우스에 가고 싶지 않았어요. 부모님이 이혼하셨는데, 엄마가 풀타임으로 일하고 학교도 다니셨기 때문에 집에 함께 있는 시간이 적었어요. 어느 날 저와 남동생이 집에 둘만 있는 걸 본 이모가 그 모습이 싫었는지 저희를 교회 옆에 있던 클럽하우스로 데려갔죠.

처음에 저는 얼굴 사진을 찍고 마음대로 얼굴을 바꿀 수 있는 구^{Goo}라는 프로그램을 접했어요. 얼굴을 우스꽝스럽게 만드는 일이 재미있었죠.

저자 어떻게 해서 클럽하우스에서 다른 활동을 하기 시작했나요?

젤리사 그 당시 클럽하우스 코디네이터였던 루버사^{Luversa} 선생님이 저를 많이 밀어붙였어요. 제가 얼굴을 재미있게 만드는 것 이상을 할 수 있다는 걸 알고, 그래서 절 더 밀어붙였죠. 선생님은 선택권을 주지 않고 제가 할 프로젝트를 정해주었고, 저는 그저 "예"라고 할 수밖에 없었어요. 루버사 선생님은 "아니요"를 용납하는 분이 아니었으니까요. 하루는 루버사 선생님이 컴퓨터를 가지고 와서는 "나하고 같이 컴퓨터를 분해할 사람?"이라고 물었어요. 모든 소년이 "저요, 저요" 하며 손을 들었지만, 선생님의 입에서 나온 말은 "젤리사, 이리 와"였어요. 저는 "손을 들지 않았는데요?"라고 물었지만, 선생님은 "어서 와"라고 다시 말했죠. 저는 할 수 없이 컴퓨터를 분해하기 시작했고, 그렇게 컴퓨터 부품에 관해 배우기 시작했어요.

그 뒤 쉬는 시간이 되었을 때 선생님이 이렇게 말했어요. "네가 정말로 관심이 없다면 그만 돌아가서 이제 하고 싶은 걸 해도 돼." 하지만 저는 계속 남아 있었고, 모든 작업이 끝나고 나서야 제가 끝까지 남아 있던 유일한 소녀라는 걸 알았죠. 그 뒤 루버사 선생님은 저를 더욱 강하게 밀어붙였어요. "오, 젤리사, 이것 좀 해보지 그래? 이것 좀 배워보지? 이걸 만드는 방법을 알려주는 웹사이트가 있으니 가서 봐. 궁금한 점이 있으면 내게 물어봐." 선생님은 제가 얼굴 사진을 바꾸는 것 이상을 할 수 있음을 알고 있었던 거죠.

저자 당신이 정말로 자랑스러워했던 프로젝트는 뭐죠?

젤리사 저는 인터랙티브 CD-ROM을 제작하는 데 큰 흥미를 느꼈어요. 제가 처음 만든 것은 '흑인 역사의 달^{Black History Month}'을 맞이해서 「흑인이 없다면 어땠을까요?」라는 연극을 토대로 미국 흑인들이 만든 여러 발명품을 보여주는 거였죠. 다른 회원과 함께 작업했는데, 그 회원이 제가 캐릭터를 그릴 수 있도록 도와주었어요. 그런 다음 캐릭터를 무대에 올려놓고 프로그래밍했어요. 제가 작업하는 걸 엄마에게 보여줄 수 있다는 사실이 저를 흥분시켰죠. 이게 제 인생의 중요한 분기점이 되었어요. 기술을 가지고 무엇을 어떻게 만들지 배우는 데 흠뻑 빠져들었어요.

또 저는 학교에서 필요한 것을 만드는 데도 클럽하우스를 활용하기 시작했어요. 중학교 3학년 영어 수업에서 저희는 「로미오와 줄리엣」을 공부했어요. 저는 기말 프로젝트로 인터랙티브 CD-ROM을 만들어도 되는지 선생님께 여쭤보았어요. 선생님은 제가 무슨 말을 하는지 몰랐지만 "좋아, 해봐"라고 말했죠. 저는 방과 후 매일 클럽하우스에 가서 작업을 했고, 다른 학생들이 리포트에 쏟는 것보다 훨씬 많은 시간과 노력을 기울였어요. 저는 저 자신이 정말로 자랑스러웠어요.

저자 클럽하우스에서 한 작업이 클럽하우스 밖에서 새로운 기회를 찾는 데 어떤 역할을 했다고 보나요?

젤리사 저희 클럽하우스는 마이크로소프트에서 여는 소수인종 학생의 날Minority Student Days에 참가했어요. 에세이 콘테스트였는데, 저는 거기에서 최신 데스크톱 컴퓨터를 수상했죠. 집에 있는 컴퓨터가 너무 느려서 사용하기 싫었는데 정말 좋았어요. 게다가 마이크로소프트는 저를 하계 인턴으로 초청해주었어요. 저는 모바일 및 임베디드 장치 사용자 지원팀의 기술문서를 작성하는 일을 했죠. 거기서 저는 장치의 사용성Usability을 배웠고, 이게 저를 완전히 바꾸어놓았죠. 모든 것에 대하여 제가 생각하는 방식이 달라졌어요.

저는 매일 아침 4시 30분에 일어나 터코마에서 레드먼드까지 버스를 세 번 갈아타고 인턴을 하러 갔고, 오후 5시 교통 혼잡 시간대에 다시 버스를 세 번 갈아타고 집에 와야 했어요. 이걸 매일같이 반복했죠. 그렇게 저는 고등학교 2학년 여름방학을 보냈고, 3학년 여름방학에도 두 번째 인턴을 했어요.

저자 대학에 진학한 뒤 클럽하우스 경험이 대학 생활에 어떤 영향을 미쳤나요?

젤리사 클럽하우스에서의 경험은 제가 대학에서 무슨 공부를 하고 싶은지 결정하는 데 큰 영향을 줬죠. 클럽하우스를 다니기 전까지는 미용사가 되고 싶었어요. 누가 꿈이 뭐냐고 물을 때면 항상 미용사가 될 거라고 대답했어요. 제 미용실을 가지고 싶었죠. 그러나 클럽하우스에 다니기 시작한 뒤에는 "엔지니어링을 하고 싶다. 컴퓨터 과학자가 되고 싶다"라는 생각을 하기 시작했죠.

그래서 워싱턴 대학에 진학하기로 결심했어요. 처음에는 컴퓨터공학을 공부하고 싶었어요. 하지만 제가 처음 들은 수업은 끔찍했어요. 수업은 대개 교수님이 칠판에 코드를 써 내려가면 학생들이 받아 적는 형식이었어요. 심지어 퀴즈를 볼 때도 컴퓨터를 만지는 대신 종잇조각에 모든 것을 적어내야만 했죠. 시행착오를 겪을 일도 없었고, 창의성을 발휘할 일도 없었어요.

마이크로소프트의 사용자 지원팀에서 근무한 경험이 있는 저는 사용성이나, 사람들이 기술과 상호작용하는 방식에 대해 더 알고 싶었어요. 클럽하우스에서 프로젝트를 하면서 아이들이 기술과 상호작용하는 다양한 방식을 보았기 때문에, 여기에 큰 흥미가 있었죠. 그래서 저는 전공을 '인간 중심 디자인과 엔지니어링'으로 바꾸었어요. 이 전공은 정말 재미있었어요. 참여형 수업도 많았고, 클럽하우스에서 회원이나 멘토들과 다양한 프로젝트를 같이 하던 기억을 떠올리게 해주었죠.

저자 대학 졸업 후에 무엇을 할지는 어떻게 결정했나요?

젤리사 구글이나 애플, 마이크로소프트 같은 회사가 직원을 뽑기 위해 우리 대학교에 많이 찾아왔어요. 하지만 저는 고등학교 때 선생님과 아메리코^{AmeriCorps}에 대해서 얘기하던 중에 '그게 내가 하고 싶은 일이야. 터코마로 돌아가 다른 학생들을 돕고 싶어'라는 생각이 들었어요. 그래서 제가 고등학교 3학년 때 다니던 커뮤니티 센터에서 일하기 시작했죠. 저한테는 큰 의미가 있는 일이었어요. 그리고 그 뒤에 컴퓨터 클럽하우스에 코디네이터로 돌아왔어요.

저자 클럽하우스 코디네이터로서의 경험에 관해 이야기해줄래요.

젤리사 아이들이 무언가가 어렵다고 말하면서 저를 찾으면 저는 이렇게 얘기해요. "그래, 그럴 거야. 나도 지금 네가 있는 바로 이 클럽하우스에서 똑같은 초록색 탁자에 앉아 똑같은 고민을 했어. 너와 같은 학교도 다녔어. 나도 알아."
저는 항상 클럽하우스 회원들이 어떤 것에 관심이 있는지 파악하려고 노력해요. 그리고 그들이 그걸 할 수 있게 도우려 하죠. 한번은 컴퓨터 프로그래밍에는 전혀 관심 없는 소녀들이 있었어요. 오직 사진만 찍고 싶어 하더라고요. 그런데 그 아이들의 가장 큰 관심사 중 하나가 지역사회를 위해 봉사하는 것, 그리고 자기 같은 다른 아이들이 잘못된 길로 빠지지 않게 돕는 것이더라고요. 많은 친구들이 갱단의 폭력에 희생되어 목숨을 잃었는데, 그 아이들은 그걸 줄이는 방법을 찾고 싶어 했죠. 그게 그 아이들이 진정으로 관심 있어 하는 일이었어요.

그 아이들은 그러다가 깨달았어요. "우리가 앱을 만들면 어떨까? 아, 그러면 코딩하는 법을 배워야겠네." 그리고 실제로 그렇게 하기 시작했죠. 주변을 돌아다니며 친구들을 인터뷰하고 페이스북에서 설문조사를 했죠. 아이들은 정말 주체적으로 움직였어요. 참 재미있는 게, 예전에 제가 그 아이들한테 코딩을 배우라고 말했거든요. 하지만 전 강요하지 않았어요. 아이들 스스로 준비되고 그럴 이유를 찾을 때까지 기다렸죠. 저는 단지 아이들에게 그럴 능력이 있다는 사실만 계속해서 상기시켜줬어요.

저는 STEM ^{Science, Technology, Engineering, Mathematics}(과학, 기술, 공

학, 수학)* 활동에 클럽하우스 회원들을 참여시키고 싶지만, 그보다 먼저 그 활동이 회원들에게 재미있고 회원들이 관심 있어 하는 것인지, 그리고 회원들 중심으로 움직이는지 확인해봐야 한다고 생각해요. 학교는 "이것이 STEM이고, 네가 해야 할 일이야"라고 말하죠. 하지만 저는 일상생활에서 그들이 이미 하고 있는 것, 그리고 일상생활에서 그들에게 의미가 있는 것에 회원들을 참여시키고 싶었죠.

* 우리나라에서는 'Art'를 포함해 'STEAM'이라고 부른다.

제4장

동료

로댕을 뛰어넘어

몇 년 전, 요르단 정부에서 나를 초청했다. 요르단 정부는 사람들이 컴퓨터에 접하고 거기서 새로운 직무를 배울 수 있는 '지식 정거장Knowledge Station'이라는 커뮤니티 센터를 만들어 전국 네트워크를 구축했다. 그러나 계획은 기대에 부응하지 못했다. 지식 정거장에 지속적으로 찾아오는 사람은 많지 않았다.

하지만 같은 시기 요르단 수도 암만에 있는 컴퓨터 클럽하우스는 매우 성공적이었다. 클럽하우스는 매일 오후 다양한 창의적 프로젝트를 진행하는 아이들로 가득했다. 어떤 이들은 일주일에 한 번씩 왔고, 또 어떤 이들은 몇 번씩 왔다. 거의 매일 찾아오는 사람들도 있었다. 요르단 정부 관계자는 왜 컴퓨터 클럽하우스가 지식 정거장보다 훨씬 인기가 있는지 궁금해했고, 내가 요르단에 방문해 어떤 조언을 해주기를 바랐다.

그래서 나는 요르단으로 날아가 몇몇 지식 정거장을 방문했다. 문을 열고 들어가는 순간부터 지식 정거장과 컴퓨터 클럽하우스의 차이를 분명하게 알 수 있었다. 지식 정거장에는 컴퓨터가 모두 앞을 바라본 채 열을 맞추어 놓여 있었다. 열 사이가 너무 비좁아서 걷는 것조차 어려웠다. 앞에 있는 선생님의 지시를 함께 듣고 난 뒤에 컴퓨터에서 개별적으로 작업하게 하려는 의도가 분명했다. 사람들이 협력할 수 있는 공간은 없었으며, 심지어는 다른 사람들이 무엇을 하고 있는지 돌아다니며 보는 것도 어려워 보였다.

반면 암만의 컴퓨터 클럽하우스는 전혀 다른 느낌이었다. 클럽하우스 안의 컴퓨터 책상은 몇 개의 조를 이루고 있어서, 조원들끼리 서로 협력하기 좋았고, 다른 사람들이 하는 프로젝트를 보기도 쉬웠다. 의자는 모두 바퀴가 달려 있어서 회원들이 간단한 대화를 나누거나 좀 더 오랜 협력 작업을 하기 위해 다른 책상으로 손쉽게 움직일 수 있었다.

클럽하우스의 한가운데에는 컴퓨터 없는 큰 녹색 테이블이 자리 잡고 있었다. 이 테이블은 사람들이 모여 아이디어를 공유하고 계획을 스케치하고 레고 브릭과 공작 재료로 무언가를 만드는 장소였다. 어떤 때는 단순히 함께 간식을 먹는 공용 공간 역할을 하기도 했다. 클럽하우스의 벽과 선반에는 샘플 프로젝트가 빼곡하게 채워져 있었는데, 이것들은 새로 온 회원들에게 자신도 무언가 할 수 있다는 느낌과 함께, 어떻게 프로젝트를 시작해야 하는지에 관한 아이디어를 주고 있었다.

전 세계의 다른 클럽하우스도 비슷한 구조이다. 이런 디자인 요소는 중요하지 않아 보일 수도 있지만, 우리는 이런 공간 디자인 요소가 참여자의 자세와 활동에 크게 영향을 미친다는 사실을 잘 알고 있다. 예를 들면, 클럽하우스의 공간 설계는 이곳이 바로 아이들이 함께 배우고 서로 배우는 '동료 기반 학습Peer-based Learning'을 위해 설계된 공간이라는 것을 일깨워준다. 또한 이곳에서는 누구나 쉽게 그리고 함께 일할 수 있다는 느낌이 들게 만들어준다.

역사 이래로 사람들은 생각과 학습이란 모두 개인이 혼자서 해야 하는 활동이라 여겨왔다. 사람들이 생각이란 것에 대해 이야기할 때면 흔히 혼자 외로이 앉아서 깊은 생각에 빠져 있는 로댕의 유명한 조각 '생각하는 사람The Thinker'을 떠올리곤 한다. 물론 어떤 생각은 이런 식으로 일어난다. 하지만 대부분의 생각은 그렇지 않다. 대부분의 생각은 행동과 통합되어 일어난다. 사물과 상호작용하고, 사물을 가지고 놀고, 사물을 창작하면서 일어나는 것이다. 또한 대부분의 생각은 다른 사람들과 연결되어 일어난다. 아이디어를 공유하고, 다른 사람들과 반응하고, 서로의 아이디어를 더하면서 우리의 생각을 키워나간다.

이제 로댕을 뛰어넘어, 더 이상 '혼자 하는 생각'이 아닌 '함께 하는 생각'이라는 쪽으로 관점을 바꾸어나가야 하며, 이것이 생각에 대한 컴퓨터 클럽하우스의 방향이다. 이런 관점은 대부분의 직무가 협력을 요구하고 대부분의 사회 문제가 집단적 행동을 요구하는 현대사회에서 당연히 더 적합한 방향이다.

컴퓨터 클럽하우스에서 협력은 다양한 형태로 일어난다. 어떤 경우 클럽하우스 회원들은 다른 사람의 작업으로부터 영감을 받지만 직접 협력은 하지 않는다. 다른 경우 상호 보완 능력을 갖춘 회원들이 팀을 구성해 프로젝트를 함께 한다. 예를 들어, 영상 기술을 가진 회원과 음악 기술을 가진 회원이 뮤직 비디오를 함께 만들고, 조립 기술을 가진 회원과 프로그래밍 기술을 가진 회원이 로봇을 함께 만든다.

이렇게 협력함으로써 클럽하우스 회원들은 개인이 혼자서 할 수 있는 것보다 훨씬 큰 프로젝트를 할 수 있다. 4학년 여학생들 아홉 명이 방과 후 보스턴 지역 클럽하우스에 온 적이 있다. 작은 프로젝트 몇 개를 경험한 뒤, 여학생들은 MIT의 로봇 기술을 사용해 미래의 도시를 함께 만들기로 했다. 여학생들은 엘리베이터, 버스, 심지어 관광안내도까지 만들고 프로그래밍했다. 그들은 자기들이 만든 것을 자랑스러워하며, 여기에 '아홉 기술 소녀들의 도시 Nine Techno Girls City'라는 이름을 붙였다.

사회에서 협력 능력의 중요성이 커감에 따라, 교과목에 협력 활동을 추가하는 학교가 늘고 있다. 하지만 학생들은 대부분 무엇을 협력하고 누구와 협력할지에 관한 통보를 받는 데 그친다. 하지만 클럽하우스에서는 '열정'과 '동료'를 함께 묶는 것을 최우선 원칙으로 삼아, 아이들이 단지 협력할 뿐만 아니라 그들이 좋아하는 프로젝트를 협력하게 한다. 클럽하우스 회원들은 그저 특정한 팀에서 협력하도록 배정되지 않는다. 공통 관심사를 바탕으로 공통 프로젝트가 형성되며 팀은 자율적으로 만들어진다. 그렇게 만들어진 팀은 역동적이면서도 유연하게 프로젝트를 협력해나가면서 참여하는 팀원들의 관심사까지 충족시킨다.

클럽하우스에서는 회원들이 새로운 기술을 개발할 때, 자기 기술을 다른 사람들과 공유해야 한다는 '책임감 문화'를 조성하려 한다. 우리가 처음 컴퓨터 클럽하우스를 열었을 때, 다행스럽게도 이런 문화를 정착시키는 데 도움을 준 초기 회원이 있었다. 마이크 리Mike Lee는 그림에 대한 열정 때문에 클럽하우스에 왔었지만, 컴퓨터를 사용한 경험은 없었다. 그는 컴퓨터 사용법을 재빨리 배워서 자신만의 독특한 예술적 스타일을 표현하는 새로운 유형의 일러스트레이션을 그리기 시작했다. 그의 프로젝트는 다른 회원들의 주목을 받았고, 회원들은 곧 그의 기술과 스타일을 배우기 위해 조언을 구하기 시작했다. 마이크는 기꺼이 시간을 내어 그들을 도왔고, 곧 클럽하우스에는 '마이크 리 스타일'이라고 불리는 예술작업을 함께 하는 하위 커뮤니티가 만들어졌다.

1993년 처음으로 컴퓨터 클럽하우스를 시작했을 때, 우리가 가진 '협력'과 '동료'에 대한 개념은 매우 지엽적이었다. 우리는 같은 클럽하우스의 바로 곁에서 일하는 사람들에 한정된 정도의 협력과 동료 개념에 머물고 있었다. 처음 몇 년 동안 클럽하우스는 인터넷 연결이 되어 있지 않아서 장거리 협력이 어려웠다. 그러나 점점 더 많은 클럽하우스가 전 세계에서 생겨나고 인터넷 연결이 보편화되면서 새로운 협력 기회가 생겨났다. 오늘날 20개국에 100개의 클럽하우스가 있으며, 이들은 '클럽하우스 빌리지Clubhouse Village'라 불리는 온라인 네트워크를 통해 모두 서로 연결되어 있다. 이제 클럽하우스 회원들은 전 세계 동료들과 아이디어를 공유하고 프로젝트를 협력할 수 있다. 예를 들어, 요르단 암만에 있는 클럽하우스를 방문했을 때, 나는 시카고 클럽하우스 회원이 제작한 아니메 이미지를 리믹스하고 있는 10대 암만 소녀를 볼 수 있었다.

오늘날 동료, 협업, 그리고 커뮤니티에 대한 우리의 아이디어는 1993년과 매우 다르다. 창의적 학습의 4P 중에서 '동료'라는 요소가 신기술로부터 가장 큰 영향을 받았다. 다음 꼭지에서 살펴보겠지만, 신기술은 사람들이 언제 어디서 어떻게 협력하는지, 그리고 그런 학습 과정에서 동료가 어떤 역할을 하는지에 관한 개념을 획기적으로 바꾸어놓았다.

시모어 페퍼트는 그의 책『마인드스톰』의 마지막 장에서 학습을 잘하기 위한 사회적 측면의 중요성을 이야기한다. 그는 실제 학교는 아니지만, 연례 카니발 축제를 위한 음악과 춤을 만들기 위해 브라질 사람들이 모이는 사교 클럽 또는 커뮤니티 센터인 브라질 삼바 스쿨을 살펴보라고 조언한다. 특히 시모어의 관심을 끈 것은 삼바 스쿨이 다른 연령대의 사람들과 다른 수준의 경험을 가진 사람들을 하나로 묶는 방식이었다. 삼바 스쿨에서는 아이와 어른, 초보와 전문가 모두가 지역 사회의 전통과 문화에 기반한 노래와 춤을 만들기 위해 함께 노력한다. 그들은 삼바 스쿨에서 작곡, 안무, 연습, 공연을 같이 하면서 함께 그리고 서로 배운다.

브라질 삼바 스쿨에 대한 시모어의 관심은 내가 지난 몇 년간 진행해왔던 프로젝트에 큰 영향을 끼쳤다. 전 세계에 컴퓨터 클럽하우스를 만들면서 우리는 삼바 스쿨의 정신을 본받아 그곳을 아이들이 함께 작업하고 함께 배우는 공간으로 디자인하려 노력했다. 또한 스크래치를 개발하면서도 우리는 새로운 도전을 했다. 어떻게 하면 온라인에서도 삼바 스쿨의 아이디어와 정신이 깃들게 할 수 있을까? 다시 말해, 어떻게 하면 삼바 스쿨을 성공시킨 핵심 가치를 지키면서도 온라인 세계가 지닌 새로운 가능성을 활용할 수 있을까?

많은 사람은 스크래치를 프로그래밍 언어로 생각한다. 그게 당연하다. 하지만 스크래치를 사용하는 사람들은 스크래치를 그 이상으로 여긴다. 우리 목표는 처음부터 삼바 스쿨의 정신처럼 아이들이 함께 만들고, 공유하고, 배우는 새로운 유형의 온라인 학습 커뮤니티를 세우는 것이었다. 우리의 최우선 과제는 전 세계 아이들에게 창의적 학습 경험을 제공하는 동시에, 교사와 학부모, 디자이너, 연구원 및 관계자들에게 온라인 기술과 온라인 커뮤니티가 어떻게 창의적 학습을 지원할 수 있는지 알려주는 것이었다.

우리는 스크래치 프로그래밍 언어와 온라인 커뮤니티를 패키지로 묶어, 서로가 서로를 지원하도록 디자인했다. 프로그래밍 언어를 사용해서 대화형 게임이나 애니메이션을 만든 뒤에 공유 버튼만 누르면 프로젝트를 온라인 커뮤니티에 올릴 수 있다. 공유된 프로젝트는 전 세계 누구나 접속할 수 있다. 스크래치가 개발된 후 첫 10년 동안 아이들은 2천만 개 이상의 프로젝트를 온라인 커뮤니티에서 공유했다.

스크래치 온라인 커뮤니티는 영감과 피드백의 원천이다. 다른 사람들의 프로젝트에 접속함으로 새로운 코딩 기술을 배우고 자신의 프로젝트에 대한 새로운 아이디어를 얻는다. 어떤 10살 난 소녀는 공 튀기기 게임을 만들고 싶었지만, 어떻게 해야 공을 튀길 수 있을지 몰랐다. 그녀는 스크래치 웹사이트에서 공 튀기는 프로젝트를 검색해 방식을 배웠고, 다른 프로젝트에서는 마찰력을 추가하는 법을 배웠다.

스크래치 회원이 웹사이트에서 자신의 프로젝트를 공유하면 다른 회원들로부터 제안과 조언을 받는다. 스크래치로 좋아하는 프로젝트를 할 수 있으며, 같은 흥미를 가진 사람들과 프로젝트를 공유하고, 피드백도 얻을 수 있다. 공유를 하지 않으면 어떤 문제에 부딪힐 경우 아무리 노력해도 한 발짝도 앞으로 나아갈 수 없는 때가 있다. 그렇지만 공유를 하면 다른 회원들로부터 피드백을 받아 문제를 헤쳐나갈 수 있다. 이것이 바로 내가 스크래치에 계속해서 빠져드는 이유이다.

스크래치 커뮤니티에서는 사람들이 서로 협력하는 새로운 방법을 끊임없이 개발하고 탐구한다. 전통적 학교 교실에서의 협력과 비교할 때, 스크래치에서의 협력은 훨씬 더 유동적이고 유기적이다. 삼바 스쿨과 마찬가지로 사람들은 공동 관심사 또는 상호보완적 지식을 기반으로 모이지만, 삼바 스쿨과 달리 스크래치는 전 세계로부터 사람들이 모이므로 더 크고 더 다양한 협력을 할 수 있는 가능성이 열려 있다.

다음에서는 아이들이 스크래치 커뮤니티에서 서로 협력해왔던 몇 가지 사례를 소개한다.

상호보완적 짝 Complementary Pairs

니키퍼슨2 nikkiperson2 라는 ID를 사용하는 십 대 스크래치 회원은 애니메이션을 만들고 공유하는 것을 좋아했다. 어느 날 스크래치 웹사이트를 검색하면서 그녀는 크리스0707 kris0707 이 만든 '여주인공 리사 Heroine Lisa '라는 캐릭터를 중심으로 하는 일련의 프로젝트에 매료되었다. 그녀는 '여주인공 리사' 프로젝트에는 동적 이미지가 아닌 정적 이미지만 있는 것을 보고, 공동 작업을 하자는 제안을 남겼다. "제가 당신 캐릭터를 움직이게 해보면 어떨까요? 혹시 괜찮다면, 우리가 함께 이걸 움직이게 해보면 어떨까요?(전 당신이 그린 이미지가 정말 좋아요.)" 크리스0707은 이 제안에 긍정적으로 대답했고, 두 소녀는 '여주인공 리사' 시리즈 에피소드 열 편을 1년 넘게 공동 작업했다. 협력을 통해 크리스0707은 스크래치로 프로그래밍하는 방법을 배웠고, 니키퍼슨2는 스크래치로 예술적 표현을 하는 방법을 배웠다.

팀의 확장

13세 사라^{Sarah}와 10살 동생 마크^{Mark}는 핼러윈을 좋아한다. 그래서 핼러윈에 대한 스크래치 프로젝트를 같이 하기로 했다. 그들이 스크래치 웹사이트에 프로젝트에 대한 공지사항을 올리자 다른 아이들이 참여를 자원했다. 그들은 유령이 나올 것 같은 옛 저택을 찾아 헤매는 참여형 프로젝트를 만들기로 했다. 어떤 아이들은 줄거리, 어떤 아이들은 프로그래밍, 또 어떤 아이들은 음악과 예술 작업을 맡아서 했다. 총 20명 이상의 아이들이 공동 작업에 참여해 캐릭터 59개와 프로그래밍 스크립트 393개로 이루어진 '음산한 성에서의 밤^{Night at Dreary Castle}'이라는 프로젝트를 완성했다. 사라는 이렇게 말했다. "제가 배운 중요한 한 가지는, 사람에게 계속 동기를 부여하고 함께 일하고 싶게 하는 방법론이에요. 블로그나 페이스북 같은 SNS와는 달리, 스크래치에서는 게임과 프로젝트를 만들고, 가지고 놀고, 내려받을 수 있기 때문에 전 스크래치를 더 좋아해요. 저는 다른 사람들과 온라인에서 그냥 이야기하는 게 좋은 것이 아니라, 그들과 창의적이고 새로운 어떤 것에 관해 이야기하는 게 좋은 거예요."

하위 커뮤니티

스크래치 웹사이트에는 여러 프로젝트를 모아두는 '스튜디오 Studios'라는 것이 있다. 중학생 낸시Nancy는 자신이 좋아하는 아니메와 일본 만화를 모아두는 전용 스튜디오를 만들기로 했다. 그녀에게 영감을 주는 아니메 프로젝트를 모아두는 데 그치지 않고, 스튜디오를 통해서 아니메 애호가들이 만나서 아이디어를 공유하고 서로 배울 수 있는 공간을 만들고 싶었다. 곧 수백 명의 아이들이 그 스튜디오에 아니메 프로젝트를 제출하고 의견을 올렸다. 많은 프로젝트가 눈, 몸, 머리카락을 아니메 스타일로 그리는 방법과 캐릭터를 움직이게 하는 방법을 가르쳐주는 설명서였다. 그중 한 참여자는 "스크래치에는 놀라울 정도의 아니메 잠재력을 가진 수많은 사람이 있다. 그들은 단지 약간의 지도와 조언이 필요할 뿐이다!"라고 썼다. 낸시는 스튜디오를 관리할 회원 36명을 조직했다. 몇 달 만에 이 스튜디오에는 프로젝트 250여 개, 댓글 1,600여 개, 팔로어 1,500여 명이 생겨났다.

피드백 스튜디오

14살 소녀 이사벨라Isabella는 그녀의 스크래치 프로젝트에 대해서 의견과 제안을 받는 것을 좋아했다. 그녀는 스크래치 웹사이트에 올라간 어떤 프로젝트는 의견을 하나도 받지 못하는 것을 발견했고, 그래서 사람들이 좌절감을 느끼고 커뮤니티를 떠날지 모른다고 걱정했다. 이사벨라는 피드백 스튜디오를 만들기로 했다. 프로젝트에 대해 피드백을 받고자 하는 사람들과 피드백을 주고자 하는 사람들을 서로 연결하자는 생각이었다. 그녀는 이렇게 설명한다. "사람들이 프로젝트에 대한 의견을 나누고, 그들이 프로젝트를 좋아하는 이유나 개선할 점을 공유할 수 있어요. 사람들이 이런 놀라운 온라인 커뮤니티를 가지고 있으며 이를 적극적으로 활용한다는 사실이 무척 기뻐요." 단지 며칠 만에 60명이 넘는 사람들이 스튜디오를 관리하고 프로젝트에 피드백을 제공하겠다고 자원했다.

컨설팅 서비스

마이레드넵튠MyRedNeptune이라는 회원의 첫 스크래치 프로젝트는 순록 무리가 악기를 연주하는 애니메이션 형태의 크리스마스카드를 만드는 것이었다. 그녀는 애니메이션 캐릭터를 만드는 게 즐거웠고, 그래서 애니메이션 캐릭터만 있는 스크래치 프로젝트를 만들었다. 스크래치에서는 애니메이션 캐릭터를 형상Sprite이라 부른다. 그녀는 프로젝트 노트에서 다른 회원들에게 자기가 만든 형상을 사용하거나 또는 원하는 형상을 만들어주기를 요청하라고 했다. 한 아이는 치타 애니메이션을 요청했고, 그녀는 온라인에서 찾은 내셔널 지오그래픽 비디오를 기반으로 치타 애니메이션을 만들어주었다. 칼Carl이라는 다른 회원을 위해서는 날개를 펄럭이는 새 애니메이션을 만들어주었다. 칼은 무척 고마워했고, 앞으로는 스스로 애니메이션을 만들어보고 싶다는 생각에, 그녀에게 새 애니메이션 만드는 방법을 물었다. 그래서 그녀는 새 애니메이션을 만드는 과정을 자세히 설명하는 스크래치 프로젝트를 올렸다.

우리 MIT 팀은 스크래치 웹사이트를 명시적으로 협력을 장려하는 형태로 설계했기 때문에, 아이들이 스크래치에서 서로 상호작용하고 함께 일하는 모습을 기대하고 있었다. 그런데 스크래치 사이트에서 일어나는 협력 수준과 다양성이 기대 이상이라서, 우리는 계속 놀라고 기뻐하고 있다. 인터넷 시대 이전에 성장한 나는 스크래치 커뮤니티 아이들이나 MIT 학생들만큼 새로운 협력 방식을 개발하거나 생각하는 데는 창의적이지 못하다. 우리가 올바른 도구와 지원, 기회를 제공한다면, 미래 세대의 아이들은 더욱 창의적인 방법으로 그들의 생각을 공유하고 협력할 수 있을 것이다.

개방성

로봇 키트에서 가장 중요한 부분 중 하나는 로봇에게 무엇을 해야 하는지 명령하는 프로그래밍 언어이다. 최초의 마인드스톰 로봇 키트를 레고 그룹과 함께 만들면서, 우리 MIT 연구팀은 프로그래밍 소프트웨어를 많은 아이들이 쉽게 사용할 수 있도록 하는 데 시간과 노력을 기울였다. 레고 그룹 경영진과 함께 소프트웨어 계획과 전략을 검토하는 회의에서, 나는 우리가 아닌 다른 사람들이나 다른 조직에도 마인드스톰을 작동시키는 대안 소프트웨어를 개발하도록 레고 그룹이 허용한다면 어떻겠냐고 제안했다.

레고 경영진은 이 제안에 충격을 받은 듯 보였다. 그중 한 명은 "누가 우리 것보다 나은 소프트웨어를 개발하면 어쩌죠?"라고 물었다. 나는 곧바로 대답했다. "그게 바로 원하는 바입니다!"

나는 바로 이런 개방성Openness을 활용해 마인드스톰을 사용하는 아이들을 더 나은 경험과 더 많은 창의성으로 이끌 수 있게 되기를 희망한다. 이런 관점은 비밀과 통제를 중시하는 장난감 업계의 기존 문화와 상반되므로 레고 임원들이 처음에 거부감을 갖는 것도 당연했다. 그러나 시간이 지남에 따라 레고 그룹은 제품 개발에 있어서 점차 개방적인 방향으로 바뀌어갔다. 몇 년 후 2세대 마인드스톰을 개발할 때는 이용자 커뮤니티로부터 적극적으로 제안을 받았으며, 다른 조직이 마인드스톰에 사용할 소프트웨어와 센서를 만들 수 있도록 '공개 표준'을 내놓기도 했다.

레고 그룹은 심지어 '레고 아이디어LEGO Ideas'라는 웹사이트를 만들어 레고 팬들이 새로운 레고 키트를 제안할 수 있도록 하였으며, 가장 인기 있는 제안에 기초해 다음 제품을 만들겠다고 약속했다. 레고의 한 임원은 선 마이크로시스템즈Sun Microsystems 창립자 빌 조이Bill Joy의 말을 인용하면서 다음과 같이 이야기했다. "우리는 우리 개발팀을 자랑스러워합니다. 하지만 세계에서 가장 똑똑한 두뇌 가운데 99.99퍼센트가 레고에서 일하고 있지 않다는 사실 또한 알고 있습니다."

개방성은 레고 그룹 같은 조직뿐만 아니라 개인에게 있어서도 다양한 방식으로 창의성을 향상시킨다. 디지털 기술 덕분에 개방성의 혜택은 이전 어느 때보다 더 커졌다. 이제 우리는 비디오, 웹사이트 또는 다른 디지털 창작물을 만들 때, 전 세계 사람들로부터 아이디어와 제안을 받을 수 있으며, 다른 사람들이 만든 코드와 그림 및 음악도 사용할 수 있다. 마찬가지로 다른 사람들도 우리가 만든 디지털 창작물을 수정하고 확장하고 자신의 프로젝트에 사용할 수 있다. 이는 디지털 창작물이 기존 창작물과 달리 사실상 비용을 전혀 들이지 않아도 복사해서 전 세계로 전달할 수 있기 때문이다.

우리는 스크래치 온라인 커뮤니티를 개발하면서 개방성과 공유가 어떻게 아이들의 창의성에 기여하는지 실험하는 시험대로 이것을 활용했다. 사실 그런 이유에서 우리는 스크래치라는 이름을 선택했다. 이는 힙합 디스크자키가 여러 음원을 함께 섞어 좋아하는 소리를 내는 '스크래칭'에서 유래한다. 아이들도 스크래치를 이용해서 코드와 미디어 클립(그래픽, 사진, 음악, 사운드) 등을 창의적으로 섞어 비슷한 경험을 할 수 있다.

우리는 아이들이 서로의 프로젝트를 '리믹스Remix'*할 수 있도록 스크래치 웹사이트를 디자인했다. 사이트의 모든 프로젝트에는 눈에 띄는 '내부 보기See Inside' 버튼이 있다. 이 버튼을 누르면 해당 프로젝트에서 사용된 프로그래밍 스크립트와 미디어 전체에 접속할 수 있다. 그중 어느 것이든 자기 '배낭Backpack'으로 드래그해서 보관해두면 나중에 프로젝트를 할 때 사용할 수 있다. 또는 '리믹스' 버튼을 눌러서 어떤 프로젝트를 복사하고, 그 프로젝트를 자기 마음대로 수정하고 확장할 수도 있다.

리믹스 기능은 처음부터 커뮤니티에서 엄청난 인기를 얻었다. 스크래치 웹사이트가 출시된 첫 주에 누군가 스크래치를 사용해서 오래된 비디오 게임인 테트리스의 간단한 버전을 만들고, 이것을 스크래치 커뮤니티와 공유했다. 커뮤니티 회원들은 그 게임을 즐겼으며, 그중 많은 이들은 그 게임을 개선할 아이디어를 내놓았다. 회원들이 레벨과 스코어보드, 단축키, 미리 보기 등을 추가하면서 며칠 만에 이 리믹스가 널리 퍼졌다. 스크래치 웹사이트로 들어가면 마치 가계도처럼 보이는 여러 세대의 모든 버전을 아우르는 리믹스가 정리된 화면을 볼 수 있다. 초기 테트리

---

* 기존의 프로젝트 위에 새로운 것을 더 얹어서 수정하고 개선하는 기능.

스 프로젝트는 12번 리믹스되어, 12개의 '자식'이 있다. 그중 하나는 다시 560번 리믹스되어, 560개의 자식(원래 프로젝트의 손자)이 있다. 전체적으로 이 가계도에는 원래 프로젝트에서 파생된 792개의 자손이 있다.

리믹스 기능은 아이디어가 스크래치 온라인 커뮤니티를 통해 전파되는 주요 방법 가운데 하나이다. 첫 스크래치 웹사이트의 개발을 주도한 안드레스^{Andres Monroy-Hernandez}는 MIT의 박사과정에서 이 현상을 연구했다. 예를 들어, 안드레스는 케이두들^{Kaydoodle}이라는 회원이 '점프하는 원숭이^{Jumping Monkey}' 게임을 공유했을 때 일어난 현상을 추적했다. 이 게임에서는 원숭이가 한 플랫폼에서 다른 플랫폼으로 뛰어서 이동한다. 메이헴^{Mayhem}이라는 다른 회원은 원숭이가 플랫폼에 서 있을 때 쉽게 발견될 수 있도록 원숭이에게 '분홍색 슬리퍼'를 신기는 간단한 리믹스를 만들었다. 이렇게 리믹스는 계속해서 확장되어나갔다. 위즈^{Whiz}라는 회원은 '분홍색 슬리퍼' 기술을 자신의 게임에 적용했고, 듀이베어스^{Deweybears}라는 회원이 이것을 또 리믹스했다. 위즈의 게임 조회 수가 1,000이고, 케이두들의 '점프하는 원숭이' 프로젝트 조회 수가 단지 200에 불과한 데 비해, 듀이베어스의 리믹스는 스크래치 커뮤니티에서 조회 수 1만 5,000을 기록하면서 큰 성공을 거두었다.

'분홍색 슬리퍼' 기술은 계속해서 스크래치 커뮤니티를 통해 퍼져나갔으며, 플랫폼 게임 확산에 기여했다. 회원들은 서로의 프로젝트를 계속 관찰하면서 자기 프로젝트에서 사용할 수 있는 새로운 코딩 기술을 찾고 있었다. 한 회원은 고경원이라는 MIT 미디어랩 연구원에게 다음과 같이 말했다. "리믹스의 좋은 점은 모든 리믹스 프로젝트가 그 자체로 좋은 지침서라는 거예요."

리믹스 기능은 스크래치 커뮤니티에서 창의성을 촉발했지만, 논쟁의 대상이 되기도 했다. 일부 회원은 자기 노력이 다른 사람에게 '도난'당했다고 불평하면서, 자기 프로젝트가 리믹스되는 것을 꺼렸다. 한 5학년 학생은 이 주제를 TEDx에서 발표했다. 소녀는 리믹스된 자기 프로젝트의 버전을 보여주면서, "제 최고의 애니메이션을 완성하자마자 이걸 보았죠. 열심히 만든 제 최고의 애니메이션이 망가졌어요. 솔직히 엄청 화가 났어요. 지금도 그래요." 이 소녀만 그런 경험을 한 게 아니다. 회원들로부터 스크래치 개선점을 제안받을 때 가장 자주 들어오는 제안은, 자기 프로젝트의 리믹스를 허용할지 말지를 자기가 통제하게 해달라는 것이다.

우리는 되도록 스크래치 커뮤니티의 제안에 응하려고 하지만,

이 경우는 예외다. 리믹스 기능은 개방성과 창의성이라는 우리 핵심 가치와 긴밀히 연계되어 있기 때문이다. 우리는 스크래치 웹사이트를 구축하면서, 모든 프로젝트가 소위 '저작권 이용허락 규약Creative Commons Attribution license'을 따르도록 하고 있다. 어떤 프로젝트이든지 이에 대한 합당한 공적을 인정하기만 하면, 이를 수정하고 리믹스하는 것을 허용한다는 의미이다.

많은 아이들이 리믹스에 회의적이라는 사실은 놀라운 일이 아니다. 학교에서는 학생들이 자기만의 것을 하라고 가르친다. 다른 학생이 한 것에 무엇을 덧붙이는 행위는 보통 부정한 짓으로 여겨진다. 스크래치는 이에 대한 아이들의 관점을 바꾸려고 노력한다. 우리 목표는 회원들이 자기 프로젝트를 다른 사람들이 수용하고 리믹스할 때 이를 싫어하는 것이 아니라, 도리어 좋아하고 자랑스럽게 여기는 문화를 만드는 것이다. 우리는 웹사이트에서 공유와 개방의 가치에 관해 토론한다. 회원들이 리믹스에 관해 생각하는 관점을 바꾸기 위하여 우리는 지속적으로 웹사이트에 새로운 기능을 추가해왔다. 예를 들어 스크래치 홈페이지에는 자기 프로젝트가 리믹스된 것을 자랑스러워하도록, 최고의 리믹스 프로젝트를 한 줄로 눈에 띄게 보여준다.

최근 어떤 콘퍼런스에서 MIT 물리학 교수 크리쉬나Krishna

Rajagopal가 내게 다가왔다. 자기 아들이 스크래치에 적극적이라면서, 스크래치를 만들어준 데 대해 고마워했다. 이런 말은 언제나 듣기 좋다. 나는 크리쉬나 교수가 자기 아들이 스크래치를 통해서 코딩 기술과 컴퓨터적 사고를 배우는 것을 이야기할 거라고 예상했지만, 그의 관심사는 그게 아니었다. 오히려 그는 아들이 개방형 지식형성 공동체Open Knowledge-building Community에 참여하고 있다는 사실에 흥분했다. 그는 이렇게 설명했다. "스크래치는 과학 공동체와 같아요. 아이들은 끊임없이 아이디어를 공유하고 서로의 작업에 기여하고 있어요. 어떤 방식으로 과학 공동체가 작동하는지 배우고 있는 셈이죠."

　　더글라스 토마스^{Douglas Thomas}와 존 실리 브
라운^{John Seely Brown}은 그들의 저서 『학습의 새로운 문화^{New Culture of}
^{Learning}』* 첫 장에서 샘^{Sam}이라는 9살 소년에 관해 이야기한다. 샘
은 스크래치로 애니메이션과 게임 만들기를 좋아한다. 샘은 미
국 그랜드 캐니언의 사진을 배경으로 종이 한 장이 마치 바람에
실려 날아가듯 풍경을 가로질러 건너가는 게임을 프로그래밍했
다. 게이머는 그랜드 캐니언을 따라 바람에 날리는 종이를 붙잡
으면 점수를 얻는다.

＊　국내에는 『공부하는 사람들』이라는 제목으로 번역되었다.

샘이 스크래치를 좋아하는 이유 가운데 하나는 온라인 커뮤니티였다. 샘은 다른 사람들의 프로젝트를 검토하고, 리믹스하고, 의견을 내는 데 많은 시간을 쏟았다. 책의 저자들이 샘에게 스크래치 커뮤니티에서 좋은 멤버가 된다는 게 어떤 의미인지 물었다. "우리는 샘의 대답에 놀랐다. 게임을 만들거나 애니메이션을 게시하는 것과는 아무 관계가 없었다. 그 대신 샘이 가장 중요하게 생각한 것은 의견을 달 때 비열한 말을 쓰지 않는 것, 그리고 어떤 좋은 프로젝트가 보이면 좋다는 의견을 전달하는 것이었다. 스크래치는 프로그래밍을 가르치는 게 아니라 시민의식을 키우고 있었다."

이 부분을 읽으면서 나는 매우 행복했다. MIT 미디어랩 팀이 스크래치 온라인 커뮤니티를 개발할 때 가장 중요하게 여긴 우선순위 중 하나는 커뮤니티 구성원이 서로를 존중하고, 서로를 지원하고, 서로를 배려하는 문화를 육성하자는 것이었다.

많은 온라인 커뮤니티는 이렇지 않다. 무례하고 거칠며 예의 없는 의견이 온라인 게시판과 토론 포럼을 뒤덮고 있다. 사람들은 얼굴을 맞대고 상호작용할 때보다 종종 온라인에서 더 거칠게 소통한다. 어린이들을 위한 온라인 커뮤니티를 만드는 기관은 이런 문제를 피하고자 아이들이 서로 소통하는 방법에 대해

첨예한 규제를 가한다. 예를 들어, 아이들이 프로젝트에 이미지를 추가하고 싶으면, 이미지를 직접 만들거나 다른 곳에서 불러오기보다는 미리 지정된 이미지 모음에서 골라야 한다. 아이들이 의견을 말하거나 메시지를 보내고 싶어도, 직접 작성하는 대신 미리 지정된 목록에서 골라야 한다.

스크래치 온라인 커뮤니티를 개발할 때, 우리는 이런 제한을 두기를 원하지 않았다. 우리는 스크래치 커뮤니티 회원들에게 창의적으로 표현하면서 서로 아이디어를 공유할 수 있는 자유를 제공하고 싶었다. 동시에 개방형 온라인 상호작용에서 흔히 볼 수 있는 무례함과 거만함을 용인할 수도 없었다. 우리는 온라인 커뮤니티에서 일어나는 비열하고 무례한 행동은 우리가 북돋우려는 행동과 가치를 심각하게 훼손할 수 있다고 생각했다.

그래서 우리는 스크래치 온라인 커뮤니티에서 '배려의 문화 Culture of Caring'를 만들기 위해 열심히 노력했다. '배려의 문화'란 단지 서로에 대한 배려와 존중에만 가치를 두는 게 아니다. 더 나아가 이것이 가능한 환경을 만드는 데도 가치를 둔다. 배려하고 존중해주는 동료들에게 둘러싸여 있다고 느낄 때, 사람들은 새로운 것을 더 시도하려 하고, 창의적 과정에서 필수적으로 따라오는 위험도 더 감수하려 한다. 커뮤니티의 다른 사람들이 자기

의견이나 프로젝트를 비웃을까 봐 걱정되면 사람들은 자기 아이디어와 창작물을 공유하려 들지 않는다.

스크래치 커뮤니티에서 배려의 문화를 장려하기 위해 우리는 '커뮤니티 지침'을 확립했다. 이것은 웹사이트의 모든 페이지 하단에 있는 링크를 통해 연결된다. 그 지침은 다음과 같다.

다른 사람을 존중하세요. 프로젝트를 공유하거나 의견을 남긴다면 그 내용을 보는 사람들의 나이와 배경이 아주 다양할 수 있다는 점을 잊지 마세요.

건설적인 사람이 되세요. 다른 사람의 프로젝트에 의견을 남길 때, 마음에 드는 점과 제안하는 내용을 쓰세요.

정직한 사람이 되세요. 다른 스크래처인 것처럼 가장하거나, 거짓말을 퍼뜨리거나, 아니면 커뮤니티를 속이려고 하지 마세요.

사이트를 친절한 곳으로 만들어주세요. 어떤 프로젝트 또는 댓글이 비열하거나 모욕적이거나 폭력적이거나, 어떤 식으로든 부적절하다면 '신고하기'를 눌러서 저희에게 알려주세요.

물론 커뮤니티 지침을 만들고 알린다고 해서 모든 것이 해결되지는 않는다. MIT 스크래치 팀은 웹사이트에서의 의견과 행동을 통해 회원들이 지속적으로 '커뮤니티 지침'을 따르게 하고, 이런 관점에서 웹사이트를 계속 관찰하는 중재자 팀을 운영한다. 커뮤니티 회원이 지침을 어기면 중재자는 피드백이나 조언, 경고를 하고, 여러 번 어기면 제재를 가한다. 여름방학 동안 우리는 아이들이 새로운 프로그래밍 기술뿐 아니라 서로에게 건설적 피드백을 해주는 방법을 배우는 온라인 캠프를 운영한다.

배려의 문화를 유지하기 위해서는 궁극적으로 커뮤니티 구성원 스스로가 앞장서서 커뮤니티 가치를 유지하고 격려하고 강화해야 한다. 예를 들어, '신규 회원 환영 위원회'를 조직한 스크래치 커뮤니티 회원들은(우리 MIT 팀이 아니었다) 신규 회원들을 돕고 격려하기 위해 자발적으로 경험 많은 회원 수백 명을 모았다. 참피카 페르난도Champika Fernando는 '회원을 돕는 회원'에 관한 주제로 석사 논문을 썼다. 논문에서 그녀는 스크래치 커뮤니티 회원들이 서로를 돕는 여러 방법을 문서화했으며, 이런 유형의 상호작용을 커뮤니티 안에서 장려하기 위한 새로운 전략과 구조를 제안하기도 했다.

스크래치 커뮤니티 회원은 공감, 격려, 연민을 표현하기 위한 매체로 문자뿐만 아니라 애니메이션을 사용한다. 예를 들어, 한 회원은 '너는 발랄한 소녀야. 힘내!Cheer Up Sparkygirl'라는 프로젝트를 만들어서 슬프고 외로운 친구를 위로했다. 아이디 스마일리페이스72SmileyFace72라는 회원은 '우리는 친구야. 스트레스 받지 마. 너는 결코 나이 들지 않았어Friends are Friends, Don't Stress, You are Never Too Old'라는 제목으로 일련의 프로젝트를 만들었다. 스마일리페이스72의 프로젝트 중 하나는 조회 수 1만 5,000여 회, 좋아요 2,000여 건, 의견 1,900여 건 이상을 받았다. 스마일리페이스72의 프로젝트에 대한 이런 큰 지지는 스크래치 커뮤니티에서 공감이 강조되는 특성을 잘 보여준다. 즉 공감을 주는 프로젝트가 더 많은 공감을 이끌어내는 것이다.

이런 배려의 문화는 스크래치 커뮤니티 회원들이 프로젝트를 하면서도 자기 자신의 민감하고 개인적인 문제를 편안하게 다룰 수 있도록 했다. 최근에는 회원들이 정보, 신념, 개인적 이야기를 더욱 자주 공유하고, 다양성과 포용성을 인정하게 되면서, 성적 취향 및 성 정체성과 관련된 스크래치 프로젝트가 급증했다. 이런 프로젝트에 대한 커뮤니티의 반응은 일반적으로 배려와 지원 형태로 나타나며, 결국 다른 회원들이 유사 프로젝트를 공유하도록 장려하게 된다.

그러나 난관도 있다. 예를 들어 강한 종교적 신념을 가진 일부 회원들은 동성애가 잘못되었다고 주장하는 프로젝트를 게시했다. 우리 스크래치 팀 중재자는 다음과 같은 설명과 함께 이 프로젝트를 삭제했다. "스크래치는 모든 연령대, 인종, 민족, 종교, 성적 취향, 성 정체성을 가진 사람들을 환영한다. 회원들은 자신의 종교적 신념, 의견, 철학을 자유롭게 표현할 수 있다. 단, 다른 회원들이 환영받지 못한다는 느낌을 주지 않는 선에서이다." 이런 관점은 많은 회원에게 자기 자신을 되돌아보게 한다. '공감 Empathy'이라는 프로젝트에서 한 회원은 다음과 같이 말했다. "우리는 사람들의 다양한 의견과 믿음이 공존하는 세상에 살고 있다. 우리는 모두 각자의 의견과 신념, 그리고 개성을 표현함으로써 자기를 표출하고자 한다. 그러나 이렇게 할 때, 다른 사람이 당신이 말하는 내용을 어떻게 느끼는지 이해하는 것이 중요하다. 당신의 신념을 공유하는 것과 당신이 믿기 때문에 존중하는 것 사이에는 많은 차이가 있다."

배려의 문화를 육성하는 일은 온라인 커뮤니티와 마찬가지로 현실 커뮤니티에서도 중요하다. 우리가 처음으로 컴퓨터 클럽하우스 방과후 센터를 시작했을 때, 우리는 '디자인 경험을 통한 학습 지원'과 '학습 커뮤니티 육성'을 포함한 일련의 원칙을 만들었다. 그러나 우리가 가장 중요하게 여긴 원칙은 '존경과 신뢰의 환경 조성'이었다. 우리는 이것이 없으면 다른 어떤 원칙도 실천할 수 없다는 점을 잘 알고 있었다. '존중과 신뢰의 환경' 그리고 '배려의 문화' 속에 있을 때, 클럽하우스 아이들은 충분히 안전하고 편안하다고 느끼면서 새로운 아이디어를 실험하고 새로운 사람들과 협력할 수 있는 것이다.

게일 브레스로우Gail Breslow의 지도 아래 클럽하우스 네트워크가 전 세계 100개로 확대되면서 우리는 이런 원칙의 가치를 더욱 잘 깨닫게 되었다. '존중과 신뢰의 환경'이 조성된 클럽하우스는 회원들이 계속해서 방문하고, 서로 협력하며, 창의적으로 자기를 표현하는 커뮤니티를 가장 잘 형성하고 있었다. 갓 1년이 된 코스타리카의 클럽하우스를 방문한 기억이 난다. 현지 코디네이터에게 첫해에 배웠던 교훈을 물었을 때, 그는 이렇게 대답했다. "처음 시작했을 때만 해도 회원들이 기술을 배우도록 돕는데 집중했어요. 그런데 1년이 지나자 클럽하우스가 가족 같은 존재라는 걸 깨달았죠. 가장 중요한 건 모든 사람이 서로를 배려하고 서로를 돕는 거예요. 그렇게 되면 다른 모든 일은 저절로 잘 돌아가게 되어 있죠."

수업

1997년, 컴퓨터 클럽하우스는 비영리 부문 피터 드러커 혁신상*을 수상했다. 수상의 일환으로 드러커 연구소는 클럽하우스 회원들의 인터뷰를 영상으로 만들었다. 초기 클럽하우스 회원 중 한 명인 프랜시스코Francisco는 클럽하우스에서 자기 멘토였던 로레인 매그라스Lorraine Magrath와 교류하면서 얼마나 많은 것을 배웠는지 이야기했다. "멘토와 일하는 것은 신나는 일이에요. 그들은 재미있고 유머러스해요. 선생님들과는 달라

---

* 드러커 연구소가 세계적 경영학자 피터 드러커Peter F. Drucker의 경영 철학인 평생학습을 통해 성장 동력을 드높인 단체에 주는 상.

요. 선생님들은 이것 해라, 저것 해라 하고 지시만 하죠. 하지만 멘토와는 더 친근하고 편안하게 이야기를 나눌 수 있어요." 프랜시스코는 이어서 자기가 포토샵 및 프리미어* 같은 소프트웨어 패키지로 프로젝트를 할 때 로레인이 알려준 지침과 조언을 이야기했다.

나는 그 영상을 볼 때마다, 프랜시스코가 컴퓨터 클럽하우스의 학습 과정에서 로레인이 수행한 중요한 역할을 설명하는 걸 보면서 미소 짓게 된다. 우리가 처음 클럽하우스를 개설하면서 기대했던 바로 그것이다. 처음부터 우리는 멘토링을 클럽하우스의 핵심 요소로 여겼다. 한편으로 나는 "선생님은 이것 해라, 저것 해라 하고 지시만 하죠"라는 프랜시스코의 말을 들을 때마다 속이 상한다. 프랜시스코와 선생님들의 상호작용이 어떠했고 선생님들을 왜 그렇게 여기게 되었나 하는 데 생각이 미치면 슬퍼진다.

불행하게도, 많은 사람이 프랜시스코와 비슷한 시선으로 선생님과 수업을 바라본다. 학생들이 학교에 다니면서 받은 수업에 관한 주된 경험은 "이것 해라, 저것 해라" 하는 '지시 전달'과

---

* 영상 편집에 쓰는 응용 소프트웨어.

"이것은 알아야 한다. 저것은 알아야 한다"라는 '정보 전달'이다. 프랜시스코의 경우에서 보듯이, 이런 수업 방식은 많은 학생들의 학습 동기를 저하한다. 또한 학생들에게 현대사회를 살아가는 데 중요한 창의적 실험을 하게 만들기는커녕, 도리어 혁신이 아닌 모방을 하게 종용한다. 심리학자 앨리슨 고프닉Alison Gopnik은 2016년《뉴욕타임스New York Times》칼럼에서 이 문제에 대해 다음과 같은 의견을 피력했다. "아이들이 선생님으로부터 무엇을 배우고 있다고 생각할 때, 사실 그들은 새로운 무언가를 창조하는 게 아니라 단지 어른이 하는 것을 모방할 가능성이 더 크다. 아이들은 선생님이 어떤 것을 하는 방법을 보여주면, 그게 올바른 방법이라 생각하고 더 이상 새로운 방법을 시도할 필요가 없다고 자연스럽게 여기는 것 같다."

이렇듯 지시와 정보에 입각한 전통적 수업 방법에는 분명히 문제가 있다. 그렇다면 이 문제를 해결할 대안은 무엇일까? 어떤 사람들은 완전히 반대편 입장에 서서, 아이들이 선천적으로 호기심을 가지고 있으며 스스로 모든 것을 깨우칠 수 있는 능력이 있다고 주장한다. 그들은 대개 장 피아제의 유명한 어구를 인용한다. "아이에게 무언가를 가르쳐주는 것은 아이 스스로 그것을 발견할 수 있는 기회를 영구히 빼앗는 꼴이다." 어떤 사람들은 이 말뜻을, 아이들이 가장 잘 배우게 하는 방법은 배우는 과정에 간섭하지 않는 것이라고 해석한다.

수업 방식은 흔히 둘로 나뉜다. 하나는 '아이들에게 지시와 정보를 전달하는 방식'이고, 다른 하나는 '아이들이 스스로 배우게 놓아두는 방식'이다. 새로운 멘토가 컴퓨터 클럽하우스에서 일을 시작할 때면, 이런 양극단 현상이 일어나는 모습을 자주 보게 된다. 새로 온 어떤 멘토는 클럽하우스 회원들에게 지시를 하면서 마치 전통적인 학교 선생님처럼 행동한다. 또 어떤 멘토는 가만히 있다가 회원들이 구체적으로 도움을 요청할 때만 움직인다.

실제로 컴퓨터 클럽하우스를 새로 설립할 때 겪게 되는 가장 큰 어려움 중 하나는 직원과 멘토가 이런 양극단에서 벗어나, 수업 과정을 함축적으로 이해하도록 만드는 것이다. 내가 생각하는 훌륭한 수업이란 아이들의 배움을 돕겠다는 생각으로 다양한 역할을 해내는 능력이다. 훌륭한 선생님과 훌륭한 멘토란 촉매자, 컨설턴트, 연결자, 협력자의 역할을 물 흐르듯이 해내는 사람이다.

촉매자Catalyst 화학에서 촉매는 화학반응을 가속화하는 '불씨Spark'를 제공한다. 이와 마찬가지로, 선생님과 멘토도 배움을 가속화하는 불씨를 제공할 수 있어야 한다. 학생이 프로젝트의 초기 단계에서 막혀 있을 때, 선생님은 무엇이 가능한지에 대한 느낌을 주거나 상상력을 자극하기 위해 샘플 프로젝트를 보여줄 수 있다. 대개 불씨를 제공하는 가장 좋은 방법은 선생님이 질문을 하는 것이다. 클럽하우스에서 우리는 멘토에게 다음과 같은 질문을 하라고 권한다. "어떻게 그런 생각을 하게 되었나요? 왜 그런 일이 일어났다고 생각하나요? 프로젝트의 한 부분을 바꾼다면 무엇을 바꿀 건가요? 가장 놀라운 점은 무엇인가요?" 등등이다. 이런 올바른 질문을 함으로써 선생님이나 멘토는 학생의 탐구와 성찰을 촉진하고, 학생은 자기가 하는 활동에 능동적으로 책임을 지게 된다.

컨설턴트Consultant 선생님은 '무대 위의 현자'가 아니라 '곁에 있는 안내자'여야 한다는 속담이 있다. 클럽하우스 멘토들은 안내자 또는 컨설턴트로서 다양한 역할을 해야 한다. 어떤 멘토는 새로운 기술 사용을 도와주는 '기술 컨설턴트' 역할을 한다. 다른 멘토는 클럽하우스 회원들이 끊임없이 아이디어를 개발하고 적용하도록 도와주는 '창의 컨설턴트' 역할을 한다. 때로 멘토는 회원들을 감정적으로 도와줌으로써, 그들이 혹시 가질지 모르는 의문과 좌절감을 극복하도록 이끈다. 어떤 경우든, 가르침의 목표란 '지시 전달'이나 '해답 제공'이 아니라, 클럽하우스 회원들이 무엇을 하려는지 이해하고 이를 지원하는 최선의 방법을 찾아주는 것이다.

연결자Connector 교사와 멘토가 학생들이 필요로 하는 모든 지원을 혼자서 해낼 수는 없다. 그러므로 그들이 하는 중요한 업무 중 하나는 함께 작업하고, 같이 배우고, 서로 배울 수 있는 다른 사람들과 학생들을 연결시켜주는 일이다. 보스턴에 있는 대표적인 컴퓨터 클럽하우스의 멘토로 시작해서 나중에 그곳의 코디네이터가 된 재키 곤잘레즈Jackie Gonzalez는 클럽하우스 회원들을 서로 연결해주기 위해서 끊임없이 노력했다. 곤잘레즈는 이렇게 말했다. "제게 좋은 날이란 어떤 청소년이 다른 청소년을 도울 수 있도록 연결해준 날이에요. 진행 중인 프로젝트에 포토샵 기술이 필요한 청소년을 보면 저는 도움을 줄 수 있는 다른 클럽하우스 회원을 찾죠. 제 목표는 학습 공동체를 만드는 것이에요."

협력자Collaborator 클럽하우스 멘토는 클럽하우스 청소년에게 단순히 도움과 조언만 주는 것이 아니다. 우리는 멘토도 자신의 프로젝트를 하고, 그 프로젝트에 회원들을 참여시키도록 권한다. 예를 들면, 보스턴 지역의 대학원생 두 명은 그 지역 컴퓨터 클럽하우스에서 새로운 로봇 프로젝트를 시작했다. 며칠 동안 그들은 스스로 일했고, 그 때까지만 해도 어떤 청소년도 거기에 특별한 관심을 보이지 않았다. 그러나 프로젝트가 형태를 갖추자 청소년 몇몇이 관심을 보이기 시작했다. 한 명은 로봇 꼭대기에 알맞은 새 구조물을 만들기로 했고, 다른 한 명은 이 프로젝트를 프로그래밍을 배울 수 있는 기회로 여겼다. 한 달이 지나자, 대학원생과 청소년들은 작은 팀을 이루어 여러 로봇을 만들고 있었다. 어떤 청소년은 매일 프로젝트를 하며 완전히 거기 빠져 있었고, 어떤 청소년은 틈틈이 시간을 내 프로젝트에 참여했다. 이런 과정은 각각의 청소년이 자기에게 맞는 다양한 수준과 다양한 빈도로 프로젝트에 참여하고 기여하도록 허용한다.

우리는 언제나 컴퓨터 클럽하우스에서 가르치는 것과 배우는 것 사이의 경계를 허물기 위해 노력한다. 청소년들이 클럽하우스에서 많은 시간을 보내고 클럽하우스 문화에 빠져들면, 우리는 그들 또한 자신의 경험과 전문지식을 다른 회원들과 공유하고, 클럽하우스의 아이디어, 활동, 기술을 신규 회원에게 소개하는 멘토링 역할을 하도록 권한다. 시간이 지남에 따라 청소년들이 스스로 배우면서 또한 다른 사람이 배우도록 돕는, 커뮤니티 내에서의 촉매자, 컨설턴트, 연결자, 협력자의 역할을 배워나가기를 희망한다.

이와 더불어, 우리는 성인 멘토가 자신을 위해서뿐만 아니라 청소년들의 롤모델이 되도록 자신을 '평생 학습자^{Lifelong Learner}'로 여기도록 권하고 있다. 클럽하우스에서 최우선 과제는 청소년들이 훌륭한 학습자로 성장하도록 돕는 것이다. 청소년들은 학습 과정에서 성인 멘토를 관찰함으로써 자신의 학습에 적용할 수 있는 전략을 배우게 된다. 하지만 성인들은 자주 자신이 모르는 것을 숨기려 든다. 클럽하우스에서는 멘토도 마음 편히 자기가 모르는 것을 인정하고 새로운 것을 배우는 방법을 터놓고 이야기하는 환경을 조성하려 한다. 열정적인 초보 목수가 달인 목수 옆에서 열심히 견습하면서 배우는 것처럼, 우리는 클럽하우스 청소년들이 성인 멘토들을 관찰하면서 함께 작업하며 배우는 기회를 갖기를 원한다.

물론 '촉매자, 컨설턴트, 연결자, 협력자'라는 틀은 컴퓨터 클럽하우스에만 한정되지 않는다. 이 틀은 학교 교실부터 온라인 커뮤니티에 이르기까지 모든 학습 환경에 적용할 수 있다. 어떤 사람은 필요할 때마다 조언해주는 '컴퓨터 강사' 같은 신기술이 등장하면 교사에 대한 수요가 감소할 것이라고 예견한다. 하지만 나는 정반대 생각이다. 수업을 올바르게 정의할 수만 있다면,

새로운 기술의 등장은 선생님의 숫자를 크게 늘릴 것이다. 스크래치 같은 온라인 커뮤니티에서 모든 사람은 커뮤니티에 속한 다른 사람을 위한 촉매자, 컨설턴트, 연결자, 협력자 역할을 하는 선생님이 될 수 있다.

긴장과 절충:
전문 지식

1998년, MIT 미디어랩은 '청소년 정상회담Junior Summit'이라는 행사를 주최했다. 그해는 구글이 설립된 해로, 페이스북이나 트위터가 생기기 훨씬 전이었고, 사람들이 인터넷을 갓 인식하기 시작할 무렵이었다. 청소년 정상회담은 전세계 아이들이 온라인에 접속해서 서로 연결될 때 일어날 수 있는 현상을 탐구하기 위한 최초의 대규모 실험이었다. 이 프로젝트의 첫 번째 단계에서 130개국 10~16세 청소년 3천 명이 온라인 포럼에 참석했다. 그들은 신기술을 이용해서 세계가 직면한 커다란 도전과제 가운데 어떤 것을 해결할 수 있을지 논의했다. 두 번째 단계는 온라인 참가자들이 선발한 청소년 대표 100명이

MIT에 모여서 일주일간 얼굴을 맞대고 협력하는 형태로 진행되었다. 이 프로젝트가 끝날 무렵, 청소년들은 여러 활동 계획을 만들어냈다. 어린이를 위한 온라인 세계 신문, 어린이가 개발한 사회적 기업을 마이크로펀딩micro funding*하는 온라인 어린이 은행, 19세 미만 전 세계 누구에게나 시민권을 주는 새로운 사이버 국가인 '네이션 1Nation 1' 등이다.

청소년 정상회담이 계획 단계에 있었을 때, 우리는 미디어랩 교수회의에서 이를 논의했다. 미디어랩의 교수이자 청소년 정상회담을 주관하는 저스틴 카셀Justine Cassell이 전 세계 청소년들을 연결하는 계획에 대해 설명했다. 그 당시만 해도 매우 대담하고 혁신적인 아이디어였고, 대부분의 미디어랩 교수들은 그 가능성에 흥분했다. 그러나 인공지능 분야 창시자 중 한 명인 마빈 민스키Marvin Minsky 교수는 이렇게 말했다. "제가 들어본 최악의 아이디어입니다. 아이들은 온갖 나쁜 생각과 틀린 생각을 가지고 있어요. 만약 많은 아이들을 서로 연결한다면, 그들은 서로가 품고 있는 나쁜 아이디어를 더 나쁘게 만들 거예요."

나는 마빈의 견해에 동의하지는 않지만, 그의 코멘트는 나를

---

* 아주 작은 소액 자금 융자 방식.

생각에 잠기게 만들었다. 우리는 인터넷이 커뮤니티에 잘못된 정보가 울려 퍼지게 만드는 반향실echo chamber 역할을 하면서, 그 잘못된 정보가 비슷한 잘못된 생각이나 오해로 인해 점점 더 잘못되어가는 모습을 보아왔다. 그리고 아이들이 동료들과 같이 작업하면서 서로의 도움을 받는다고 하더라도 그들 혼자서 모든 걸 배울 수 없는 것도 사실이다. 아무리 영리하고 호기심이 많다고 해도, 아이들이 스스로 미적분을 재발명하지는 못한다. 아니, 미적분의 필요성조차 인식하기 어렵다.

이렇듯 동료들과 함께한다고 해서 모든 것이 해결되는 것은 아니다. 때때로 전문가는 학습 과정에서 필요한 존재이다. 하지만 어떤 상황에서 외부 전문지식이 필요할까? 외부 전문지식 없이 배울 수 있는 것은 무엇이고, 배울 수 없는 것은 무엇일까? 그리고 외부 전문지식을 학습 과정에 도입할 때 가장 좋은 방법은 무엇이고 가장 좋은 때는 언제일까?

우리는 청소년 정상회담 내내 이런 질문을 던졌다. 이 정상회담 이후 1년 뒤에 시작된 다른 프로젝트에서도 같은 질문이 제기되었다. 1999년에 수가타 미트라Sugata Mitra라는 인도 물리학자가 델리에 있는 칼카지 빈민가 지역에 인터넷이 연결된 컴퓨터가 있는 키오스크kiosk를 설치했다. 그는 사용 방법을 놓아두지도 않았고, 근처에 사는 아이들을 위한 워크숍도 진행하지 않았다. 그는 이른바 '최소 간섭 교육minimally invasive education'이라는 교육 방식에 관심이 많았다. 그는 어떤 지시나 감독 없이, 단순하게 컴퓨터와 인터넷을 사람들에게 제공하면 어떤 일이 일어날지 알고 싶었다. 이 프로젝트는 아이들이 벽에 난 구멍을 통해 컴퓨터에 접근하도록 설계되었기 때문에 '벽에 난 구멍Hole-in-the-Wall' 실험으로 알려져 있다.

'벽에 난 구멍' 컴퓨터는 동네 전역의 아이들에게 인기를 끌었다. 아무도 사전에 컴퓨터를 사용한 경험이 없었지만 아이들은 파일 시스템과 인터넷 웹사이트 다루는 방법을 금방 알아냈다. 그리고 실험과 탐구, 게임 및 여러 활동을 하면서 시간을 보냈다. 누가 언제 컴퓨터를 사용할지에 관한 일정도 자체적으로 조정했다. 인기 있는 프로그램 사용법이나 유용한 정보 검색 방법을 서로에게 알려주면서 지식을 공유하기도 했다.

'벽에 난 구멍' 실험은 전 세계의 관심을 끌었다. 이것은 "어떤 배경을 가졌다고 하더라도, 아이들은 새로운 기술을 다룰 수 있다"라는 사실을 보여주는 상징적 기호처럼 되었다. 세계은행은 유사한 키오스크를 인도 80곳에 설치하는 자금을 제공했고, 다른 기관은 이 프로젝트가 조금 변형된 형태를 세계 곳곳에서 시작했다. '벽에 난 구멍' 프로젝트는 여러 방면에서 많은 사람에게 영감을 주었다. 오스카상을 받은 영화 「슬럼독 밀리어네어^{Slumdog}

^{Millionaire}」는 이 '벽에 난 구멍' 이야기에서 부분적으로 영감을 받기도 했다.

나는 델리에서 원조 '벽에 난 구멍' 실험을 시작한 지 얼마 안 되어 현장을 방문했고, 아이들이 열심히 배우고 아이디어를 공유하는 모습을 직접 볼 수 있었다. 나는 그 프로젝트에 감명을 받았지만 사실 크게 놀라지는 않았다. 나는 전 세계 여러 곳의 많은 아이들이 혼자서 또는 친구들과 함께 컴퓨터 응용 프로그램 활용법을 알아내는 것을 이미 많이 보았다. 오히려 내가 놀랐던 것은 전 세계 사람들이 '벽에 난 구멍' 실험에 보이는 반응이었다. 대부분의 사람은 아이들의 능력을 과소평가하는 경향이 있다. 사람들은 아이들이 선천적으로 타고난 탐구하고 실험하고 협력하는 '자연적 성향'을 통해 얼마나 많은 것을 배우고 성취할 수 있는지 인식하지 못하고 있다. 내가 '벽에 난 구멍' 프로젝트를 기뻐하는 이유는 이것이 아이들이 가진 놀라운 잠재력에 대한 사람들의 시야를 넓혀주었기 때문이다.

그런데 다른 한편으로는 어떤 사람들이 '벽에 난 구멍'의 결과를 확대 해석하고 있다는 점이 우려되었다. 어떤 사람들은 '벽에 난 구멍' 실험을 "아이들은 컴퓨터와 인터넷에 접속할 수만 있다면 혼자서 또는 동료들과 함께 그 무엇도 배울 수 있다"라는 것을 보여주는 증거로 여겼다. '벽에 난 구멍' 프로젝트에서 나타난 아이들의 성취는 나도 기쁘다. 하지만 그들이 컴퓨터와 인터넷만으로 할 수 없는 부분에 대해서도 나는 잘 인지하고 있다. 아이들은 인기 웹사이트를 찾고 응용 프로그램을 사용하는 방법을 빨리 배웠다. 하지만 무언가를 디자인하고, 만들고, 자기를 표현하기 위하여 '벽에 난 구멍' 컴퓨터를 사용하는 아이들은 정말 드물었다. 아이들은 컴퓨터에서 게임을 찾고 노는 법은 배웠지만, 자신의 게임을 만들지는 못했다. 웹을 탐색하는 방법은 배웠지만, 자신의 웹사이트를 만들지는 못했다.

'벽에 난 구멍' 프로젝트를 고안한 수가타 미트라는 일부 학습에는 동료가 아닌 전문가의 지원이 필요하다는 사실을 깨달았다. 최근 프로젝트에서 그는 아이들에게 '스스로 조직하는 학습 환경SOLE: Self-Organizing Learning Environments'*이라 불리는, 동료들과 협력하는 새로운 환경을 계속해서 제공하고 있다. 하지만 여기에서 그는 멘토와 조력자Facilitator 역할을 하는 어른들의 존재를 강조한

---

* 아이들이 스스로 자신의 생각을 조직화하여 학습해나가는 능력을 본성으로 가지고 있다는 생각에서, 이를 뒷받침하는 학습 환경.

다. 온라인 학습에 관한 새로운 시도로, 그는 온라인 프로젝트를 같이 하는 아이들에게 멘토링과 격려를 해주는 은퇴한 학교 선생님 네트워크를 만들었다.

창의적 학습의 4P에서 세 번째 요소인 '동료'는 학습 과정에서 분명히 중요한 역할을 한다. 하지만 단지 동료의 존재만으로 충분한 상황은 무엇일까? 아이들 혼자서 또는 동료와 함께 스스로 해결책을 찾도록 교육자나 부모님이 권해야 할 때는 언제일까? 학생들은 언제 외부 전문지식이나 지도를 필요로 할까? 아이들은 모든 정보를 손쉽게 찾을 수 있는 시대에 살고 있지만, 그렇다고 해서 이것이 아이들이 어떤 정보를 찾아야 할지 알고, 그렇게 찾은 정보를 제대로 이해하고 있음을 의미하지는 않는다. 우리는 아이들에게 적절한 멘토링과 지도를 해주어야만 한다. 그리고 필요한 전문지식과 도움을 제공해줄 수 있는 사람과 조직을 찾는 방법을 배우도록 시간을 가지고 도와주어야 한다.

스크래치 온라인 커뮤니티에서 '아이피지
ipzy'로 알려진 나탈리Natalie는 캘리포니아 주에 사는 대학교 1학
년생이다.

저자 스크래치를 어떻게 시작하게 되었나요?

나탈리 저는 항상 예술에 관심이 있었어요. 유치원 때 크레용 잡는
법을 배운 뒤부터 꾸준히 그림을 그렸죠. 11살 때, 친구가
제게 스크래치를 사용하면 제 그림을 살아 움직이게 만들
수 있다고 말해줬어요. 매우 흥미로웠죠.

제가 만든 첫 번째 프로젝트는 강아지 게임이었어요. 조그

만 강아지를 그렸는데, 어설픈 그림이었죠. 버튼을 누르면 강아지가 어떤 특정 행동을 하도록 프로그램했어요. E를 누르면 사료를 먹었고, B를 누르면 짖었죠. 제 처음 프로젝트는 모두 이처럼 간단한 것들이에요. 저는 다른 사람들의 프로그램을 탐구하면서 서서히 제 기량을 쌓아나갔어요. 제가 편안하게 느끼는 그림 그리기에서 시작해서 점점 더 많은 프로그램을 하기 시작했어요.

저는 미술가이지만 프로그래밍에도 관심이 있다는 것을 깨닫게 되었어요. 이전에는 제가 코딩을 할 수 있다고는 생각하지 못했죠. 미술은 잘할 수 있지만, 코딩은 어른이 될 때까지 기다려서 누군가를 고용해서 해야 한다고 생각했거든요. 스크래치를 사용하면서 저 스스로 코딩도 할 수 있다는 걸 깨달았죠.

저자 초기 프로젝트들은『전사들』이라는 책에 기반했더라고요.

나탈리 중학생이었을 때『전사들』의 엄청난 팬이었어요. 삼십몇 권이나 되는 책을 전부 가지고 있었어요. 그래서 저는 스크래치에서 다른 아이들이 전사 고양이에 관심을 갖는 것을 보았을 때 흥분했어요. 제 주변에는 그 책을 읽는 친구들이 하나도 없었거든요. 전사 고양이를 좋아하는 다른 아이들을 만나는 건 정말 흥분되는 일이었어요.

저자 그 밖에는 스크래치 커뮤니티와 어떻게 교류했나요?

나탈리 혼자 앉아서 그림을 그리는 대신에, 저는 다른 사람들과 협력해서 그들이 활용할 수 있는 상호대화형 프로젝트를 만들었어요. 사람들이 그걸 가지고 놀 수 있고, 또 그걸 바탕으로 자신의 프로젝트를 만들 수도 있었어요. 사람들로부터 조언이나 도움을 받을 수도 있었죠.

저는 '레모네이드 타임Lemonade Time'이라는 프로젝트를 만들었어요. 돌아다니며 레몬과 설탕 같은 걸 수집하고, 그걸 활용해서 레모네이드를 만드는 프로젝트였죠. 이 프로젝트는 스크래치 웹사이트에 실렸는데, 이 때문에 많은 동기부여를 받았어요. 저는 사람들로부터 "오, 멋져요!" "오, 사랑해요!"처럼 무수한 '좋아요'를 받았어요. 사람들은 제 프로젝트를 리믹스하기도 했고, 새로운 것을 창작하기도 했어요. 다른 사람들이 제가 만든 프로젝트에서 무언가를 배우고 있는 모습을 보았죠. 이게 정말 멋진 일이라는 생각이 들었고, 프로젝트를 더 많이 하고 싶어졌어요.

사람들은 제 그림을 사용해도 되는지 항상 묻곤 했어요. 이미 사람들이 제 프로젝트에 들어가면 그걸 사용할 수 있도록 되어 있었지만, 저는 그걸 더 쉽게 만들기로 마음먹었어요. 저는 따로 스크래치 프로젝트를 만들어, 제 그림을 분류해서 한곳에 모아놓았어요. 예를 들어, 동물 그림은 여기에, 배경 화면은 저기에 두는 식으로요. 사람들이 더 쉽게 제 그림을 찾고 사용할 수 있도록 했죠.

몇 년 전만 해도 저는 사람들이 제 스크래치 그림을 사용하는 게 불쾌했어요. 왜냐하면 제가 열심히 작업해놓은 걸 무단으로 사용한다고 생각했거든요. 하지만 지금은 사람들이 제 프로젝트를 리믹스하고 어떤 부분을 바꾸는 걸 좋아해요. 저는 사람들이 제 프로젝트를 리믹스하면서 무엇을 하는지 보는 게 정말 흥미로워요.

저자 커뮤니티를 위한 설명서도 만들었다면서요?

나탈리 많은 사람이 제게 "나도 그렇게 잘 그릴 수 있으면 좋겠어요"라거나 "나는 절대로 그렇게 잘할 수 없어요"라는 댓글을 남겨요. 저는 그림 하나가 마치 마술처럼 완성되는 게 아니라는 걸 보여주고 싶었어요. 그림 그리기는 어떤 과정이 있는데, 어떻게 하는지 그 방법을 한번 배우기만 하면 정말 따라하기 쉬운 과정이거든요. 그림 그리기에 절차가 있다는 걸 보여주고, 그리고 점차 더 잘 그릴 수 있다는 걸 알려주고 싶었어요. 제가 마술처럼 예술적 재능을 가지고 태어난 게 아니라, 노력하면 누구나 저만큼 할 수 있다는 것 말이에요.

스크래치를 통해서 저는 예술을 가르치는 데 흥미를 느꼈어요. 아이들에게 예술을 가르치고 아이들이 예술의 모든 면에 관심 갖기를 원하기 때문에, 지금 대학생인 저는 교사 자격을 취득하는 데 관심이 많아요. 그게 그림이든 코딩이든 상관없어요. 왜냐하면 둘 다 그 자체로 예술이기 때문이죠.

저자 여럿이서 함께 만드는 애니메이션 프로젝트를 다른 커뮤니티 회원과 공동 작업으로 진행하는 걸 보았어요. 그 내용을 조금 더 말해줄 수 있나요?

나탈리 저는 최근에 애니메이션에 빠졌고, 몇 주에 걸쳐서 짧은 애니메이션 뮤직 비디오를 하나 만들었어요. 디즈니를 테마로 하나 더 만들고 싶었지만, 시간이 너무 오래 걸릴까 봐 걱정되었어요. 그러다가 '협력을 하자. 그러면 여럿이서 함께 만들 테니, 더 빨리 끝낼 수 있을 거야'라는 생각을 하게 되었죠. 그래서 저는 디즈니 노래와 디즈니 캐릭터로 여럿이서 함께 만드는 애니메이션 프로젝트를 하나 하기로 결정했어요. 스크래치에서 그런 애니메이션 프로젝트를 한 번도 주관한 적이 없어서 어떻게 해야 할지 몰라 스크래치 설명서를 찾아보았어요. 오디오를 비롯한 작업 요소를 나누는 설명서가 있었는데, 그게 정말로 큰 도움이 되었어요. 그래서 저는 각자 맡고 싶은 부분에 참여할 사람들을 모집했고, 곧 다 함께 애니메이션 작업을 시작했어요. 2주 뒤에 모든 걸 다 모아서 게시할 예정이에요. 지금은 저를 포함해서 16명이 참여하고 있어요. 제가 혼자서 만든 뮤직 비디오는 쉬지 않고 해도 몇 주가 걸렸어요. 그건 힘든 경험이었고, 혼자 하는 작업이라서 그렇게 재미있지도 않았죠. 하지만 여럿이서 함께 만드는 이번 애니메이션 프로젝트에서는 각자 할 일도 훨씬 적어지고, 다른 사람들이 작업하는 것도 볼 수 있어서 훨씬 재미있어요. 그리고 누군가가 그들이 끝낸 부분을 게시한 걸 볼 때마다 정말 흥분돼요. 그저 어떤 부분이 완성된다는 사실만으로도 흥분돼요.

나탈리 제가 다닌 고등학교는 프로젝트 기반 수업을 했고, 그게 저랑 정말 잘 맞았어요. 모든 교실의 학생 수는 약 25명이었고, 1년 내내 같은 친구들과 수업을 받기 때문에 마치 가족 같았죠. 선생님들도 1년 내내 학생들과 함께했기 때문에 매우 친밀했어요. 저는 이런 점이 너무 감사했어요. 또 저희는 항상 그룹 프로젝트를 진행했어요. 어떤 프로젝트는 파트너를 선택할 수 있도록 되어 있었지만, 대부분의 프로젝트는 무작위로 파트너가 배정되어서 저는 다른 사람과 일하는 법을 배워야 했죠.

이런 게 제게는 좋은 경험이었어요. 스크래치에서처럼 창의적 팀의 일원으로서 일하는 법을 배우게 해주었으니까요. 그런데 이제 대학에 와서는 모든 것이 달라졌어요. 모든 수업마다 함께 듣는 학생들이 다르기 때문에, 수업을 같이 들어도 제대로 알 수가 없어요. 마찬가지로 모든 작업을 혼자서 하게 되죠. 그래도 저한테는 협력할 수 있는 스크래치가 있어서 너무 기뻐요.

제5장

놀이

장난기

1990년대 '인식의 문Doors of Perception'이라는 연례 콘퍼런스에서는 전 세계 연구원과 디자이너 및 기술자들이 모여 인터넷을 포함해 새롭게 대두되는 기술의 의미를 논의하곤 했다. 콘퍼런스는 암스테르담에서 개최되었고, 매년 다른 주제를 다루었다. 1998년의 주제는 '놀이Play'였는데, 나는 그곳에서 내 연구를 발표해달라는 요청을 받았다.

콘퍼런스에서는 최신 컴퓨터게임, 전자 장난감 및 가상현실 시스템이 소개되었다. 참가자들은 유명한 비디오 게임 캐릭터인 라라 크로프트Lara Croft가 등장하는 상호작용형 데모 전시물 주위로 몰려들었다. 나는 발표 시간에 우리 연구 그룹의 레고 마인드스톰과 전자 조형 키트에 관해 이야기했다. 그러면서 기술을 사용해 '노는' 것이란 단순히 기술과 상호작용하는 것뿐만 아니라, 기술을 설계, 제작, 실험, 탐구하는 모든 부분을 포함해야 한다고 주장했다.

발표가 끝나고, 나는 콘퍼런스에서 잠시 벗어나, 제2차세계대전 도중 나치의 유대인 박해를 피하기 위해 안네 프랑크Anne Frank와 가족이 숨어 지내던 안네 프랑크의 집을 방문해보기로 했다. 그러나 한편으로는 콘퍼런스 일부를 빠지는 것이 마음에 걸렸다. 다음 날 일정이 끝난 뒤 콘퍼런스를 정리하는 회의에 참석하기로 예정되어 있어서, 콘퍼런스에 빠지는 게 무책임한 행동처럼 느껴졌기 때문이다. 하지만 나는 정말 안네 프랑크의 집을 방문하고 싶었다. 나는 유대인 가정에서 자라면서 어린 시절부터 제2차세계대전 동안 자행된 유대인 박해에 관해 많은 이야기를 들었다. 그래서 좀 더 자세히 알고 싶었고, 좀 더 직접적인 관련성도 느끼고 싶었다.

안네 프랑크의 집을 방문한 뒤에는 놀라움의 연속이었다. 안네 프랑크는 나와 생일이 6월 12일로 같았고, 내 어머니와 같은 해인 1929년에 태어났다. 하지만 가장 놀라운 것은 이번 콘퍼런스의 주제인 '놀이'에 관해서였다. 그 때문에 나는 콘퍼런스에 대한 책임감으로부터 자유로워질 수 있었다. 안네 프랑크의 집에서 '놀이'의 본질에 관해 콘퍼런스에서보다 더 많이 배울 수 있었기 때문이다.

사람들은 일반적으로 안네 프랑크를 놀이와 관련지어 생각하지 않는다. 안네 프랑크는 1942년 중반인 13세부터 1944년 중반인 15세까지 2년 동안 숨어 지냈으며, 밖에서 놀 기회는 없었다. 그녀는 일기에서 자신이 굉장히 불행하며, 웃는 법을 거의 잊어버렸다고 썼다. 많은 친구와 친척이 강제 수용소에 수감되었거나, 더 이상 살아 있지 않다는 사실도 알고 있었다. 불안과 우울증에 맞서기 위해 약을 먹기도 했지만, 다음 날 더 비참한 느낌이 드는 건 어쩔 수 없었다고 했다.

이러한 상황에도 불구하고, 안네의 일기에는 그녀의 장난스러운 영혼이 묻어난다. 어느 날 안네는 발레를 하고 싶었지만 마땅한 신발이 없어서 운동화를 가지고 발레 슬리퍼를 만들었다. 성 니콜라스 날St. Nicholas Day에는 말장난으로 가득한 시를 썼고, 다른 가족의 신발에다 선물을 숨겨놓았다. 안네의 마음은 상상력으로 가득했다. 그녀는 어느 날 일기에 "허공에 모래성을 쌓는 일은 생각보다 그렇게 나쁘지 않다"라고 썼다.

슬픔과 결핍으로 가득한 비좁은 공간에 살면서 안네는 끊임없이 실험하고, 위험을 감수하며, 새로운 것을 시도하고, 경계를 시험했다. 내 생각에 그것이 바로 '놀이'의 필수 요소다. 놀이에는 넓은 공간이나 비싼 장난감이 필요하지 않다. 그보다는 호기심, 상상력, 실험의 조합이 필요하다.

안네 프랑크는 때때로 웃음을 잃기도 했지만 장난스러운 영혼만큼은 결코 잃지 않았다. 안네는 일기에서 언니 마곳^{Margot}과 자기를 비교하면서 이렇게 썼다. "언니는 모범생이자 완벽주의자예요. 내가 언니 장난기까지 다 가지고 태어났나 봐요. 나는 항상 우리 가족의 어릿광대이자 장난꾸러기였어요."

나는 가끔 '놀이'가 '창의적 학습의 4P' 가운데 가장 오해받고 있다고 이야기한다. 사람들은 종종 놀이를 웃음, 재미, 또는 즐거운 시간과 연관 지어 생각한다. 그렇게 생각하는 이유는 간단하다. 놀이가 자주 그것과 연관되기 때문이다. 그러나 이런 묘사는 '놀이'에서 가장 중요한 부분을 놓치고 있으며, 왜 '놀이'가 창의성에 중요한지도 놓치고 있다. 창의성은 웃음과 재미로부터 오는 것이 아니다. 실험하고, 위험을 감수하고, 경계를 시험하는 것으로부터 온다. 안네 프랑크의 말에 따르면, 이는 장난꾸러기가 하는 일이다.

역사 속에서도 철학자와 심리학자는 놀이의 가치와 중요성을 인식해왔다.

1년간의 대화보다 한 시간의 놀이를 통해 그 사람에 대해 더 많은 것을 알 수 있다.(플라톤^{Plato})

사람들은 늙어서 놀이를 중단하는 것이 아니다. 놀이를 중단하기 때문에 늙는 것이다.(조지 버나드 쇼^{George Bernard Shaw})

놀이는 아이들이 자신의 한계를 넘어설 수 있게 한다.(레프 비고츠키 Lev Vygotsky)

아이에게는 놀이가 일이다.(장 피아제^{Jean Piaget})

놀이를 통해 아이는 다른 어떤 활동보다도 더 잘 외부 세계에 숙달할 수 있다.(브루노 베틀하임^{Bruno Bettelheim})

장난감과 게임은 진지한 아이디어를 위한 서곡이다.(찰스 임스^{Charles Eames})

나는 특히 존 듀이John Dewey에게서 영감을 받았다. 그는 '놀이'라는 활동보다 '장난기'라는 자세에 더 초점을 두고, 이렇게 설명했다. "장난기는 놀이보다 더 중요하게 고려할 사항이다. 전자는 정신적인 자세이고 후자는 이런 자세의 외향적 표현이다." 안네 프랑크의 집을 방문했을 때 가장 인상 깊었던 것은 어떤 특정한 놀이 활동이 아니라 안네의 장난기였다. 안네 프랑크에 대해서 생각할 때, 나는 게임이나 재미가 아닌, 세상과 교류하는 그녀의 장난스러운 자세를 떠올리게 된다.

'인식의 문' 콘퍼런스에 다시 돌아와서도 나는 계속해서 안네 프랑크의 장난기에 대해 생각했다. 남은 콘퍼런스에서 나는 새로운 비디오 게임과 전자 완구에 몰두했지만, 콘퍼런스 마지막 날 패널에 참석해서는 그런 기술에 대해서는 한마디도 이야기하지 않았다. 그 대신에 나는 놀이와 장난기의 본질에 대하여 콘퍼런스에서 소개된 어떤 기술보다도 안네 프랑크로부터 훨씬 더 잘 배울 수 있었다고 말했다.

영어에서 '놀이' 또는 '논다'라는 뜻의 'play'
란 단어는 다양하게 쓰인다. 게임을 할 때^{play games}, 스포츠를 할
때^{play sports}, 악기를 연주할 때^{play musical instruments}, 노래를 틀 때<sup>play
songs</sup>, 도박을 할 때^{play the odds}, 주식을 할 때^{play the stock market}, 장난감
을 가지고 놀 때^{play the toys}, 아이디어를 생각할 때^{play with ideas} 등등
다양한 표현에 사용된다.

사람들은 이런 다양한 스타일의 '놀이'에 참여하면서 무엇을
배우게 될까? 몇몇 부모님과 교육자들은 '노는 활동'이 그 이상
그 이하도 아닌 단지 '놀이'라고 정의하면서, 놀이와 교육 사이의
연관성에 대해 회의적이다. 그러나 연구자들은 때때로 정반대

의견을 내놓는다. 나는 모든 놀이가 값진 학습 경험으로 이어질 수 있음을 의미하는 '놀이=배움'이라는 콘퍼런스에 참석한 적도 있다.

나는 모든 놀이가 똑같다고 생각하지 않는다. 어떤 놀이는 창의적 학습 경험으로 이어지지만, 어떤 놀이는 그렇지 않다. 따라서 다음과 같은 질문을 해야 한다. 어떤 놀이가 아이들을 창의적 두뇌로 키우는 데 도움이 될까? 그리고 어떻게 하면 이런 놀이를 제대로 장려하고 지원할 수 있을까?

나는 터프츠 대학교Tufts University 아동발달학 분야의 마리나 버스Marina Bers 교수가 사용한 비유를 좋아한다. 마리나 교수는 '놀이울playpen'과 '놀이터playground' 사이에 큰 차이가 있음을 지적한다. 둘 다 거기에서 놀도록 설계되어 있지만, 둘은 서로 다른 유형의 놀이와 서로 다른 유형의 학습을 지원한다.

놀이울은 제한적 환경이다. 놀이울에서는 움직이는 공간이 제한되어 있어, 아이들이 무언가를 탐색할 기회도 제한적이다. 놀이울 안에서 장난감을 가지고 놀 수는 있지만, 그것도 제한적이다. 『긍정적 청소년 개발을 위한 디지털 체험의 설계Designing Digital Experiences for Positive Youth Development』라는 책에서 마리나 교수는 놀이울을 실험의 자유와 탐구의 자율성이 없으며, 창의적 기회나 위험성이 없는 환경을 상징하는 의미로 사용한다.

이와 반대로, 놀이터는 아이들에게 움직이고 탐구하고 실험하고 협력할 수 있는 여지를 제공한다. 놀이터에서 놀고 있는 아이들을 관찰하면, 대개 자기가 하고 싶은 활동이나 게임을 하는 것을 쉽게 알 수 있다. 아이들은 이런 놀이 과정을 통해 창의적 두뇌로 성장한다. 마리나 교수에 따르면, 놀이울은 아이들의 자신감과 창의성, 모험심을 저해하지만, 놀이터는 이를 증진시킨다. 아이들이 스스로 구축하고 창작하고 실험하도록 설계된 요즈음의 '모험 놀이터Adventure playgrounds'에서는 특히 그렇다.

내가 항상 레고 브릭에 매력을 느끼는 이유 가운데 하나는 이것이 놀이터 스타일의 놀이에 가장 적합해서다. 아이들에게 레고 브릭 한 통을 사주면, 집과 성, 강아지와 용, 자동차와 우주선 등 그들이 상상하는 거의 모든 것을 만들 수 있다. 그러고는 만들어놓은 것을 분해하고 또다시 새로운 것을 만든다. 이것은 끊임없는 창의적 활동으로, 아이들이 놀이터에서 계속해서 새로운 게임과 활동을 하는 것과 비슷하다.

하지만 이것이 레고 브릭을 가지고 노는 유일한 방법은 아니다. 어떤 아이들은 레고 브릭을 가지고 놀 때, 레고 박스의 앞부분에 그려진 샘플을 그대로 만들기 위해 단계별 조립 지시서를 따라한다. 그들은「해리 포터Harry Potter」의 호그와트 성*을 짓거나, 「스타워즈Star Wars」의 밀레니엄 팔콘**을 만든다. 다 만든 뒤에는 완성품을 자기 방 선반 위에 진열해놓는다. 이런 아이들은 '레고 놀이울'에서 놀고 있는 것이지, '레고 놀이터'에서 놀고 있는 게 아니다. 지시서를 따르는 법을 배울 뿐, 창의적 두뇌로서의 가능성을 최대로 개발하고 있지는 않다.

　물론 아이들이 무슨 활동을 할 때 어떤 체계를 따르도록 하는 게 잘못된 방법은 아니다. 레고 박스에 그려진 샘플 프로젝트는 아이들이 레고로 무언가를 만들기 시작하는 데 있어 영감과 아이디어를 주는 예시 역할을 한다. 단계별 레고 조립 지시서를 따르면서 아이들은 새로운 기술과 메커니즘에 관한 전문지식을 습득할 수 있다. 이런 복잡한 모델을 완성해내는 것은 나이와 상관없이 누구에게나 즐겁고 만족스러운 경험이다. 그러나 목표가 창의적 사고를 하게 돕는 것이라면 단계별 지침은 최종 목적이 아닌 중간 디딤돌이어야 한다. 놀이터 스타일의 놀이를 위해서는, 아이들 자신이 무엇을 만들고 어떻게 만들지 결정하는 것이 중요하다.

---

* 　해리포터 시리즈에서 마법 학교로 사용되는 거대한 성.
** 　「스타워즈」의 주인공 중 한 명인 한 솔로의 우주선.

아이들을 위한 워크숍을 준비할 때, 우리는 항상 놀이터 스타일의 놀이를 지원하려 노력한다. 우리는 아이들이 시작하는 것을 돕기 위해 다양한 체계를 제공한다. 레고 로보틱스 워크숍LEGO robotics workshop을 예로 들면, 아이디어를 끌어내고 참가자들의 협력 수준을 높이기 위하여 보통 '수중 모험Underwater Adventure' 또는 '상호작용형 정원Interactive Garden' 같은 워크숍 주제를 제안한다. 그리고 어떤 형태의 움직임이 가능하고 또 어떤 다른 것이 가능한지 상상할 수 있도록 샘플 메커니즘을 보여주기도 한다. 무엇보다 아이들이 자신만의 아이디어와 계획을 갖는 것이 중요하다. 예를 들면 '상호작용형 정원' 워크숍에서 한 아이는 무엇이 가까이 다가오면 꽃잎을 닫는 로봇 꽃을 상상하고 그것을 만들었다. 우리는 아이들이 자기 아이디어를 프로젝트로 완성해나가는 과정에서 도전과 즐거움을 경험하기를 바란다. 이것이 바로 '놀이터 스타일' 놀이의 핵심이다.

최근 몇 년 사이, 아이들은 컴퓨터 스크린 앞에서 더 많은 시간을 보내기 시작했다. 이는 창의적 놀이와 창의적 학습을 위한 새로운 기회를 열어놓았지만, 오늘날 컴퓨터 스크린에서 이루어지는 많은 놀이는 놀이터 스타일이라기보다는 놀이울 스타일처럼 느껴진다. 놀이터 스타일의 놀이에 관해 오랜 역사를 가지고 있는 레고 그룹조차도 스크린에서는 놀이울 스타일의 놀이에 더 주목했다. 그들은 인기 있는 영화 및 만화 캐릭터를 주제로 한 많은 비디오 게임 컬렉션을 제작했다. 그들이 제작한 게임은 확실히 레고의 시각적 느낌을 담고 있다. 물체와 풍경은 가상의 레고 브릭으로 만들어졌으며, 캐릭터들은 레고의 미니 피규어다. 그러나 이런 스크린에서의 놀이는 실제 레고 브릭을 직접 가지고 노는 것과는 매우 다르다. 아이들은 비디오 게임에서 점수를 쌓고 레벨을 높이려고 가상 세계를 헤쳐나가는 방법을 배운다. 그러나 이런 게임은 아이들에게 새로운 가능성을 상상하거나, 자기 목표를 설정하거나, 자기만의 활동을 창조하는 기회를 거의 제공하지 않는다. 간단히 말해서, 이런 게임은 놀이터가 아닌 놀이울이다.

스크린에서의 게임이라고 해서 꼭 이런 식이어야 할 필요는 없다. 실제 세계와 마찬가지로 스크린에도 '놀이터'가 존재할 수 있다. 예를 들어, 마인크래프트^{Minecraft*}의 인기와 성공은 놀이터 스타일의 접근 방식 덕분이다. 아이들은 마인크래프트를 하면서 자신의 가상 구조를 쌓고, 자신의 도구를 만들고, 자신의 게임을

---

* 마이크로소프트 스튜디오가 개발한 게임으로, 2011년 혁신상, 최고의 게임상 등 다수의 상을 받았다.

개발할 수 있다. 마인크래프트를 가지고 노는 방법은 다양하다. 마인크래프트의 가상 블록은 레고 블록과는 달라 보이지만 가지고 노는 형태는 거의 비슷하다.

우리의 스크래치 또한 또 다른 유형의 스크린 놀이터이다. 스크래치의 원래 슬로건은 "상상하고, 프로그램하고, 공유하세요 Imagine, program, share"였다. 사람들은 종종 스크래치를 프로그래밍에만 연관시키지만, 상상하고 공유하기도 스크래치 경험에서 프로그래밍만큼이나 중요하다. 놀이터에 있는 아이들이 서로 함께 놀기 위해 끊임없이 새로운 게임을 만드는 것처럼, 스크래치 웹사이트의 아이들도 끊임없이 새로운 유형의 프로젝트를 만들고, 서로 공유한다.

대부분의 코딩 웹사이트는 아이들이 특정한 코딩 개념을 배우도록 제한된 형태의 활동만 제공하는 '놀이울 스타일'로 설계되어 있다. 이와 달리 스크래치는 '놀이터 스타일' 접근 방식을 제공하며, 우리에게 이는 프로그래밍에 필수적인 컴퓨터적 사고 Computational thinking 만큼이나 중요하다.

게임하며 놀기, 장난감 가지고 놀기, 놀이울에서 놀기, 놀이터에서 놀기 등등 수많은 방식의 놀이가 있다. 그런데도 이것을 표현하는 단어가 '놀이'라는 단 한 가지밖에 없는 것은 이상하다.

하지만 이것은 단지 한국어와 영어라는 언어의 한계일 뿐이다. 덴마크의 레고 재단에 합류하기 전에 MIT 스크래치 팀에서 일했던 동료 아모스 블랜턴^Amos Blanton을 통해서 나는 놀랍게도 덴마크에는 '놀이'에 대응하는 단어가 두 가지 있다는 것을 알게 되었다. 'spille'라는 단어는 스포츠 경기나 비디오 게임처럼 정의된 구조와 규칙이 있는 놀이를 표현하는 데 사용되며, 'lege'라는 단어는 정해진 목표 없이 창의적이고 개방적인 놀이를 표현하는 데 사용된다. 레고 브릭은 창의적이고 개방적인 놀이를 하기 위해 디자인되었기에, 이를 만든 덴마크 장난감 회사의 이름이 SPILGO가 아닌 레고인 게 당연하다. 레고는 두 단어 lege^creative ^play와 godt^well가 하나로 축약된 의미다.

놀이는 창의적인 학습의 4P 가운데 하나이다. 그러나 아이들을 창의적 두뇌로 키우기 위해서는 놀이의 유형을 구분해 'spille'보다 'lege'를, 놀이울보다 놀이터를 더 강조해야 한다.

우리가 최초의 레고 로봇 키트인 레고/로고를 개발했을 때, 우리는 보스턴의 한 초등학교 4학년 교실에서 처음 시제품을 테스트했다. 니키Nicky라는 학생은 레고 브릭으로 차를 만들기 시작했다. 경사로에 차를 몇 번 굴려본 뒤, 차에 모터를 붙이고 컴퓨터와 연결했다. 모터가 동작하도록 프로그램하자 차는 조금 앞으로 나아갔다. 하지만 그 순간 모터가 차체에서 떨어져나가 테이블을 가로지르며 혼자서 진동하기 시작했다.

니키는 자동차 수리보다 모터의 진동에 더 흥미를 느꼈다. 진동하는 모터를 가지고 놀고 실험하던 중, 진동을 사용해 차량에 동력을 공급할 수 있는지 궁금해지기 시작했다. 니키는 레고 차축 4개 위에 플랫폼을 만들고 거기에 모터를 장착했다. 몇 번 더 실험을 한 뒤, 니키는 모터 진동을 증폭해야 한다는 사실을 깨달 았다. 이를 위해 그는 몇 가지 개인적 경험을 활용했다. 니키는 스케이트보드 타는 걸 좋아했는데, 팔을 휘두르면 스케이트보드 에 추가로 힘이 실린다는 사실이 기억났다. 그래서 팔을 만들어 흔들면 모터의 진동을 증폭할 수 있겠다고 생각했다. 곧이어 경 첩을 사용해 레고 차축 2개에 팔을 붙이고 이것을 다시 모터에 붙였다. 모터가 켜지자 팔이 흔들리고, 니키가 바라던 대로 모터 진동이 증폭되었다.

하지만 이것은 너무 강한 모터 진동 때문에 넘어지기 일쑤였 다. 같은 반 친구가 차축 바닥에 레고 타이어를 수평으로 붙여서 더 안정적인 기초를 만들자고 제안했다. 니키는 친구의 말에 따 라 설계를 수정했고, 그 결과 그 '진동 로봇'은 완벽하게 작동했 다. 심지어 방향을 조종할 수도 있었다. 모터를 한 방향으로 돌도 록 프로그램하면, 로봇이 진동하며 오른쪽으로 움직였다. 다른 방향으로 돌도록 프로그램하면, 로봇이 진동하며 왼쪽으로 움직 였다.

나는 니키의 진동 로봇에 깊은 인상을 받았지만, 그보다 그것 을 만들기 위해 사용한 전략에 더 강한 인상을 받았다. 니키는 프로젝트를 수행하면서 끊임없이 이렇게 저렇게 궁리하며 '팅커 링Tinkering'*해보고 있었다. 재미있게 실험하고, 새로운 아이디어를 시도하고, 목표를 재평가하고, 더욱 정밀하게 다듬고, 새로운 가능성을 상상했다. 니키에게는 모든 뛰어난 팅커러Tinkerer와 일맥 상통하는 면이 있었다.

· 예기치 않은 것을 활용했다. 모터가 차에서 떨어져나갔을 때 니키는 그것을 실패의 신호로 여기지 않았다. 오히려 새로운 탐구의 기회로 보았다.

· 개인적 경험을 활용했다. 니키가 모터의 진동을 증폭해야 했을 때, 그는 스케이트보드를 탔던 경험과 지식을 활용했다.

· 익숙한 것을 익숙하지 않게 사용했다. 대부분의 사람은 레고 차축을 팔이나 다리로 상상하지 않으며, 레고 타이어를 발로 상상하지도 않는다. 그러나 니키는 주변의 사물을 새로운 방식으로 볼 수 있었다.

---

* 사람들이 지속적으로 궁리하고, 자신의 목표를 재검토하고, 새로운 경로를 탐색하며, 새로운 가능성을 상상하는 과정에서 놀이하듯이 실험하고 반복하는 방식으로 참여하는 과정.

팅커링은 그다지 새로운 아이디어가 아니다. 태초에 인간이 도구를 만들고 사용하기 시작한 이래로, 팅커링은 뭔가 새로운 것을 만들어낼 때 사용하는 가치 있는 전략이었다. 그러나 요즘과 같이 급변하는 세계에서, 이것은 그 어느 때보다 더 중요하다. 팅커러는 무언가를 생각하고 적용하고 반복하는 데 익숙하기 때문에, 새로운 상황이 벌어지면 결코 기존 계획에 매달리지 않는다. 팅커링은 창의성을 낳는다.

팅커링은 놀이와 만들기 사이의 교차점에 있다. 많은 사람이 놀이의 가치를 무시하는 것(단지 노는 것)처럼, 또한 팅커링의 가치를 폄하(단지 궁리만 하는 것)한다. 학교는 팅커링의 가치보다 계획하기의 가치를 더 강조한다. 계획은 더 조직적이고, 더 직접적이고, 더 효율적인 듯 보인다. 계획하는 사람은 하향식Top-down 접근법을 취한다. 상황을 분석하고, 필요한 사항을 파악하고, 명확한 계획을 세우고, 그런 뒤에 실행한다. 그런데 이것을 한 번만에 하고 또 제대로 할 수만 있다면, 이보다 더 좋은 것이 있을 수 있을까?

팅커링 과정은 더 복잡하다. 팅커러는 상향식Bottom-up 접근법을 사용한다. 작게 시작하고, 간단한 아이디어로 시도하고, 일어나는 일에 반응하고, 조정하고, 계획을 수정한다. 그들은 종종 해결

책을 얻기 위해 구불구불 돌아가는 길을 선택한다. 효율성을 잃지만, 그 대신에 창의성과 민첩성을 얻는다. 예상치 못한 일이 발생하거나 새로운 기회가 생기면 팅커러는 이를 더 잘 활용할 수 있는 위치에 선다. 미디어랩의 조이 이토Joi Ito 이사가 말했듯이 "모든 것을 계획하면 당신에게 행운은 따르지 않는다".

팅커러들은 자신의 목표("어디로 향하는가?")와 자신의 계획("어떻게 도달할 수 있는가?")을 끊임없이 재평가한다. 때로 팅커러들은 뚜렷한 목표 없이 시작한다. 그들은 탐구 과정에서 목표할 무언가가 나올 때까지 여러 생각과 재료를 뒤섞거나, 무엇이 가능한지 탐구하면서 보낸다. 니키가 자동차를 만들려 했던 것처럼 때때로 일반적인 목표로 무언가를 시작하지만, 새로운 일이 발생하면(모터가 떨어져 나와 진동하며 테이블을 가로질렀을 때처럼) 목표와 계획을 신속히 수정한다.

카렌 윌킨슨Karen Wilkinson과 마이크 페트리치Mike Petrich가 그들의 뛰어난 저서 『팅커링의 예술The Art of Tinkering』에서 말한 것처럼, "팅커링을 할 때는 깔끔한 결과로 이어지는 어떤 단계별 지침을 따르는 게 아니다. 그 대신 무언가가 작동하는 방식에 대한 당신의 가설에 계속 의문을 품고, 자기 나름으로 이를 계속 생각해보고 있을 것이다. 이것도 해보고 저것도 해본다. 그러다가 마음을 송

두리째 빼앗길 기회를 얻는다".

팅커러들은 신속한 시제품 만들기와 이것의 반복이 가져다주는 가치에 믿음이 있다. 그들은 재빨리 무언가를 만들고 사용해본 뒤 다른 사람들로부터 피드백을 얻고, 그런 다음 다시 새로운 버전을 만든다. 이런 과정을 계속해서 반복한다. 팅커러들은 못이 아니라 나사를 선호한다. 그들은 끊임없이 변화와 수정을 추구한다. 그들이 문제를 해결하려 할 때는, 우선 빠른 해결책 또는 그와 유사한 것을 먼저 찾아내고, 그 뒤 그것을 개선할 방법을 찾는다.

우리 연구 그룹은 언제나 팅커링 단계에서 새로운 프로젝트를 시작한다. 새로운 시제품을 만들고, 테스트하고, 수정하고, 이를 반복한다. 레고 그룹이 레고 마인드스톰을 제품화하기로 결정하기 전에 우리는 이미 레고 프로그래밍 브릭 시제품 수십 개를 개발했다. 일부 시제품이 잘못된 것으로 판명이 나면, 우리는 다시 뒤로 돌아가서 다른 옵션을 시도해보았다. 마찬가지로 스크래치를 개발할 때도 우리는 새로운 디자인을 끊임없이 시도해보았다. 프로그래밍 블록을 서로 어떻게 맞추어야 할까? 어떻게 서로 통신시켜야 할까? 우리는 이런 질문을 던지며 시제품을 만들고 또 다음 것을 만들었다. 오늘도 우리는 그렇게 스크래치 디자인을 계속 팅커링해나가고 있다.

레오나르도 다빈치Leonardo da Vinci에서 알렉산더 그레이엄 벨Alexander Graham Bell, 바버라 매클린톡Barbara McClintock 그리고 리처드 파인만Richard Feynman에 이르기까지 역사상 위대한 과학자 및 엔지니어 중 다수가 팅커러를 자처했다. 사람들은 종종 모든 과학자가 계획자Planner라고 가정한다. 왜냐하면 과학 논문은 모든 단계가 사전에 신중하게 계획된 것처럼 보이기 때문이다. 그러나 과학자들은 실험실에서 실제로 연구할 때 그들이 자신의 논문에서 표현하는 것보다 훨씬 더 많은 팅커링 과정을 거친다.

물론 아직도 많은 교육자가 팅커링에 회의적이며, 몇 가지 공통된 비판적 시각을 가지고 있다. 일부 교육자들은 팅커러들이 자기가 하는 일에 대한 완전한 이해 없이 어떤 성과에 도달할 수도 있다고 우려한다. 때에 따라, 이는 맞는 말이다. 하지만 그런 경우조차도 팅커링은 학생들에게 지식 조각을 습득하고 개발할 기회를 주며, 나중에 어떤 문제를 더욱 완벽히 이해할 수 있게 도와준다.

교육자들은 또한 팅커링이 너무 체계적이지 않아서, 성공에 필요한 체계성과 정밀성을 제공하지 않는다고 우려한다. 그러나 이 비판은 팅커링의 진정한 본질을 오해한 것이다. 팅커링의 상향식 과정은 무작위적으로 보일지도 모르는 탐구로 시작하지만, 그렇게 끝나지는 않는다. 진정한 팅커러들은 초기 탐구(Bottom)를 집중된 활동(Up)으로 전환하는 방법을 알고 있다. 니키는 진동 모터(Bottom)를 가지고 놀고 실험하면서 많은 시간을 보낸 다음, 새로이 얻은 통찰력을 바탕 삼아 진동으로 작동하는 로봇(Up)을 만들었다. 학습자가 'Bottom'에만 매달려 있으면 문제가 된다. 'Bottom'과 'Up'의 조합이 팅커링을 가치 있게 만든다.

사람들은 흔히 레고 브릭으로 성을 쌓고, 나무 위에 집을 짓고, 전자 부품으로 회로를 만드는 등의 물리적 조립과 팅커링을 연관 지어 생각한다. '메이커 운동'은 실제 세계에서 물건을 만드는 데 초점을 두었기 때문에 이런 이미지를 고착화했다. 그러나 나는 실제이든 가상이든 상관없이, 무엇을 만드는 접근 방법으로서 팅커링을 떠올린다. 이야기를 쓰거나 애니메이션을 프로그래밍할 때도 팅커링이 필요하다. 중요한 것은 사용하는 매체나 재료가 아니라, 반응하고 대응하는 방식이다.

우리는 누구나 팅커링하기 쉽도록 스크래치 프로그래밍 언어를 설계했다. 스크래치의 그래픽 프로그래밍 블록은 레고 브릭처럼 쉽게 연결할 수 있으며, 쉽게 분리할 수도 있다. 스크래치 블록을 시험해보려면 코드를 클릭하기만 하면 된다. 코드를 컴파일*하려고 기다릴 필요도 없다. 실행 중인 코드를 수정할 수도 있다. 현실 세계에서 팅커러들이 주위의 재료를 뒤섞듯, 스크래치에서도 빠르고 쉽게 프로젝트들을 결합하고 돌려보고 수정하고 확장할 수 있다. 또한 인터넷에서 이미지와 사진, 사운드를 끌어와 프로젝트를 향상할 수도 있다.

물리적 재료 및 디지털 재료의 확산과 더불어, 우리는 아이들에게 무언가를 팅커링할 수 있는 더 많은 기회를 제공해야 한다. 팅커링은 복잡하고 돌아가는 과정일지 모르지만, 모든 창의적 과정도 그렇다. 신중한 계획이 효율적 결과로 이어질지 모르지만, 계획을 해서는 창의성에 도달할 수 없다. 창의적 사고란 창의적으로 팅커링해보는 데서 비롯된다.

---

* 컴퓨터를 사용하기 위해 하드웨어를 동작시키는 데 필요한 언어처리를 하는 것.

여러 경로와
여러 방식

이 책 제3장에서 '창의적 학습의 4P' 가운데 두 번째 요소인 '열정'을 논의하면서 '넓은 벽'의 중요성을 강조했다. 아이들에게 프로젝트를 쉽게 시작하고(낮은 문턱), 시간이 지남에 따라 점점 더 복잡한 프로젝트를 할 수 있게 하고(높은 천장), 이와 더불어 그 문턱과 천장 사이에 다양한 경로(넓은 벽)를 지원해야 한다. 왜냐하면 서로 다른 아이들은 서로 다른 관심사와 열정을 가지고 있어서 서로 다른 프로젝트를 하고 싶어 하기 때문이다. 예를 들어 아이들이 스크래치로 무엇을 할 때, 어떤 아이는 플랫폼 게임을, 어떤 아이는 댄스 애니메이션을, 어떤 아이는 대화식 뉴스레터를 만들고 싶어 한다. 우리의 '넓은 벽' 전략은 이 모두가 가능하도록 지원한다.

'넓은 벽'을 중요하게 생각하는 또 다른 이유가 있다. 아이들은 관심과 열정만 서로 다른 것이 아니라, 놀고 배우는 방식도 서로 다르다. 모든 아이들을 '창의적 두뇌'로 발전시키고 싶다면, 이런 모든 유형의 놀이 방식과 학습 방식을 지원해야 한다.

우리는 초등학교 교실에서 초기 레고 로봇 키트를 테스트하면서, 다양한 놀이와 학습 방식이 필요하다는 사실을 잘 알 수 있었다. 어떤 반에서 우리가 학생들에게 무슨 프로젝트를 하고 싶은지 물어보았을 때, 학생들은 놀이공원을 만들고 싶다고 대답했다. 학생들은 그룹으로 나뉘어 각각 다른 놀이기구를 만들기 시작했다.

세 명으로 구성된 어떤 그룹은 곧바로 회전목마를 만들기 시작했다. 그들은 조심스럽게 계획을 세운 다음, 레고 브릭과 기둥, 톱니바퀴 등을 사용해 구조와 구동기관을 만들었다. 회전목마를 만든 뒤에는, 이것을 회전시킬 컴퓨터 프로그램을 짜고, 터치 센서를 추가해 제어했다. 회전목마는 한 방향으로 회전하다가 누가 센서를 건드리면 다른 방향으로 회전했다. 이 그룹은 회전목마가 각 방향으로 회전하는 시간을 바꾸어가면서 컴퓨터 프로그램을 실험했다. 초기 아이디어에서 최종 구현에 이르는 전체 프로젝트에는 단 2시간이 걸렸다.

역시 세 명으로 구성된 다른 그룹은 대관람차를 만들기로 했다. 그러나 기본 구조에 관해 30분 정도 논의한 뒤에는, 이것을 밀쳐두고 대관람차 옆에 음료수 매점을 세우기로 했다. 나는 처음에 이 그룹을 걱정했다. 우리의 활동 목적 가운데 하나는 학생들에게 톱니바퀴 구동 방법과 컴퓨터 프로그래밍을 배우게 하는 것이었는데, 만약 그들이 톱니바퀴와 모터와 센서가 없는 매점만 만들면 그 중요한 학습 경험을 놓칠 게 뻔했기 때문이다. 그러나 나는 너무 빨리 개입하지 않는 게 최선이라는 사실을 알고 있었다.

매점을 만든 다음에, 그들은 놀이공원 전체에 벽을 쌓았다. 그런 다음 주차장을 만들었고, 공원에 들어가는 많은 사람을 조그만 레고 사람 모형으로 만들어 넣었다. 그러고는 놀이공원에서 하루를 보내려고 여러 지역에서 오는 많은 가족에 관한 이야기를 만들기 시작했다. 이렇게 놀이공원 전체 광경을 완성하고 나서야 그들은 대관람차를 만들고 프로그래밍했다. 그들에게 대관람차 만들기는 그 주위의 이야기를 상상하기 전까지는 별로 흥미롭지 않은 주제였던 것이다.

데니 울프Dennie Wolf와 하워드 가드너Howard Gardner는 아이들이 장난감과 어떻게 상호작용하는지를 연구한 뒤 두 가지 주된 놀이 방식이 있음을 발견했다. 그들은 어떤 아이들을 '만들기꾼Patterner'이라 불렀으며, 다른 아이들을 '이야기꾼Dramatist'이라 불렀다. 만들기꾼은 구조와 모양을 좋아하며, 보통 브릭과 퍼즐을 가지고 논다. 이야기꾼은 이야기와 사회적 상호작용을 좋아하며, 주로 인형이나 동물 장난감을 가지고 논다.

놀이공원 실험에서 첫 번째 그룹에 속한 아이들은 만들기꾼으로 분류된다. 그들의 초점은 먼저 회전목마를 움직이고, 그런 다음 다양한 동작 패턴을 실험하는 것이다. 두 번째 그룹의 아이들은 이야기꾼으로 분류된다. 대관람차가 어떤 이야기 속의 일부일 때만 그들은 이 이야기에 관심이 있다. 두 그룹은 같은 레고 키트라는 재료를 사용해 구동장치와 컴퓨터 프로그래밍에 관해 비슷한 내용을 배우지만, 놀이와 학습 방식은 완전히 다르다.

이런 차이는 초등학생들뿐 아니라, 대학생을 포함한 모든 연령층에서도 나타난다. 1990년대 초반에 프로그래밍 브릭을 처음 개발하는 동안 우리 연구 그룹에 속한 대학원생 프레드 마틴과 랜디 서전트는 MIT 학생들을 대상으로 '로봇 디자인 공모전'을 개최했다. 나중에 이 공모전은 연례행사가 되었으며, 매년 겨울방학이 있는 1월에 4주 동안 진행된다. 팀을 이룬 MIT 학생들은 탁구공을 줍거나 미로를 빠져나오는 등의 특정 과제를 수행할 로봇을 만들어 서로 경쟁하기 위해 무수히 날밤을 새워 열심히 로봇을 디자인하고, 만들고, 프로그램한다. 1월 말의 공모전 결선을 보기 위해 MIT에서 가장 큰 강당에 수백 명의 관람객이 들어찬다.

이런 MIT 행사에 깊은 인상을 받은 웰즐리 대학Wellesley College의 로비 버그Robbie Berg 및 프랭클린 터박Franklyn Turbak 교수는 웰즐리 학생을 대상으로 비슷한 활동을 해보기로 마음먹었다. 그러나 여자 인문계 대학인 웰즐리 학생들에게는 MIT와 유사한 '로봇 디자인 공모전'으로는 같은 수준의 흥미를 끌 수 없으리라 생각했다. 그래서 조금 다른 접근 방식인 '로봇 디자인 스튜디오Robotic Design Studio'라는 코스를 만들었다. MIT와 마찬가지로 참여 학생들이 1개월간 몰입하여 작업하며, 모두 로봇 기술을 사용해 치러지는 코스다. 그러나 웰즐리 여학생들은 로봇을 만드는 대신 로봇이 들어간 다양한 예술 작품을 만든다. 예를 들면, 영화 「오즈의 마법사」에 나온 한 장면을 로봇 버전으로 만드는 식이다. 그리고 1월 말에 공모전 결선을 하는 대신에, 마치 갤러리에서 하는 전시회처럼 학생들이 만든 로봇 예술작품 전시회를 개최한다.

웰즐리의 '로봇 디자인 스튜디오'는 MIT의 '로봇 디자인 공모전'과는 굉장히 다른 느낌을 준다. 웰즐리 코스는 '이야기꾼'에게 더 적합한 듯 보이고, MIT 공모전은 '만들기꾼'에게 더 적합한 듯 보인다. 그러나 그 결과는 비슷하다. 두 과정 모두 매우 인기가 있으며, 두 과정에 참여한 학생들 모두 중요한 과학 및 공학 개념과 기술을 배운다.

초등학교에서 대학교까지의 수학과 과학 과정은 전통적으로 '이야기꾼'보다 '만들기꾼'을 선호하는 방식으로 설계되어왔다. 마치 '팅커러'보다 '계획자'를 선호하는 것처럼 말이다. 그러나 이것이 많은 아이들이 수학과 과학에 흥미를 잃게 만드는 큰 이유이다. '이야기꾼'과 '팅커러'들은 종종 수학과 과학이 자기를 위한 학문이 아니라고 생각한다. 하지만 그렇지 않다. 문제는 학문 그 자체가 아니라 학문을 표현하고 가르치는 방식에 있다. 셰리 터클Sherry Turkle과 시모어 페퍼트는 지식을 얻기 위한 다양한 방법이 있고, 이 다양한 방법을 수용하고 평가하고 지원하는 것이 중요하다는 점을 강조하려고 '인식론적 다원주의Epistemological pluralism'라는 용어를 만들었다.

우리 연구 그룹은 미디어랩에서 새로운 기술과 활동을 개발하면서 동시에 다양한 경로와 다양한 방식의 학습을 지원하는 방법을 끊임없이 모색해왔다. 놀이공원 워크숍에서 우리는 학생들에게 로봇 워크숍에서 전형적으로 주어지는 재료인 톱니바퀴, 모터, 센서뿐만 아니라, 조그만 레고 사람 모형과 다양한 공작 재료인 마분지, 폼폼pom-poms, 장식재료 등을 제공한다. 이런 추가적인 재료는 대관람차를 만들려 했던 '이야기꾼'들이 '놀이공원에서의 하루' 같은 스토리를 만드는 데 반드시 필요한 것이다.

어떤 경로Path와 방식Style은 다른 경로와 방식보다 더 많은 시간을 필요로 한다. 그렇기 때문에 학습자들에게 충분한 시간을 주는 것도 중요하다. 놀이공원 워크숍이 한 시간 만에 끝났다면 어땠을까? 만들기꾼인 첫 번째 팀은 이미 완벽하게 작동하는 회전목마를 완성하고, 컴퓨터 프로그램을 통해 그 동작을 제어하고 있었을 것이다. 하지만 이야기꾼인 두 번째 팀은 대관람차와 매점의 일부만을 지었을 것이다. 워크숍이 그때 끝났다면, '만들기꾼'은 아마도 '이야기꾼'보다 훨씬 더 성공적인 학습을 한 것처럼 보였을 것이다. 하지만 다행스럽게도, 대관람차 팀에는 '놀이공원에서의 하루' 이야기를 계속 개발하고 그런 다음 대관람차를 만들고 프로그래밍을 끝낼 수 있는 추가 시간이 있었다.

학습자들은 여러 면에서 서로 다르다. 어떤 사람들은 '만들기꾼'이고, 어떤 사람들은 '이야기꾼'이다. 어떤 사람들은 '계획자'

이고, 어떤 사람들은 '팅커러'이다. 어떤 사람들은 글로 자기를 표현하는 것을 선호하고, 어떤 사람들은 이미지로 자기를 표현하는 것을 선호한다. 많은 사람은 이런 차이가 자연적인 것인지 교육에서 비롯된 것인지 궁금해한다. 즉, 스타일이란 것이 선천적인지 아니면 경험에서 비롯되는지 궁금해한다. 그러나 이 문제는 내게는 그다지 흥미롭고 중요한 이슈가 아니다. 그보다 중요한 것은 서로 다른 배경과 서로 다른 학습 방식을 가진 모든 아이들이 자기 잠재력을 발휘할 수 있도록 그들을 도와주는 방법을 찾는 것이다. 어떻게 하면 다양한 유형의 아이들이 학습에 스스로 참여하게 만들고, 그 학습을 지원할 수 있는 기술, 활동, 과정을 개발할 수 있을까?

물론 그와 동시에, 아이들이 자기가 편하게 느끼는 영역에만 머물지 않도록 해야 한다. 어떤 특정한 유형의 문제에서는 계획하는 것이 팅커링해보는 것보다 나을지 모른다. 하지만 다른 유형의 문제에서는 팅커링해보는 것이 계획하는 것보다 도리어 더 나을 수 있다. 어떤 상황에서는 형태를 탐구하는 것이 유용하고, 어떤 상황에서는 스토리를 만드는 것이 유용하다. 어떤 아이가 자기에게 익숙한 학습 방식이 있다면, 이것을 계속 고집하게 둘 것이 아니라 다른 학습과 접근 방식도 시도해보도록 장려하는 편이 좋다. 이상적으로는, 모든 아이들은 자기가 자연스럽고 편안하게 느끼는 방식으로 세상과 소통할 수 있는 기회를 가져야 하며, 상황에 따라 전략을 바꿀 수 있도록 다른 방식에 대한 경험도 쌓아야 한다.

시도하고, 또 시도하라

스크래치 웹사이트의 프로젝트를 살펴보던 중 나는 에메랄드드래곤Emerald Dragon이라는 회원이 만든 프로젝트에 흥미가 생겼다. 내 관심 대상은 프로젝트 그 자체라기보다는 (예상하듯이 그녀의 프로젝트에는 용에 관한 내용이 많았다), 그녀가 프로젝트를 진행한 방식이었다.

그녀가 처음 만든 여러 프로젝트 중 하나는 용 애니메이션의 움직임을 제어할 수 있는 게임이었다. 그녀는 용 이미지 12가지를 만들었는데, 이미지마다 용의 다리가 조금씩 다른 곳에 있었다. 그래서 플립북^{Flipbook}*처럼 빨리 넘겨서 움직임을 표현하도록 프로그램을 짰다. 그녀는 또 사용자가 다른 키를 누를 때마다 용이 다른 방향으로 움직이는 프로그램의 다른 버전도 짜서 실험했다.

에메랄드드래곤 회원이 스크래치 웹사이트에서 이 프로젝트를 공유했을 때, 그녀는 다음과 같은 코멘트를 함께 남겼다. "게임의 프로그램을 이렇게 저렇게 팅커링하고 나서야 용을 앞뒤로 겨우 움직일 수 있었어요! 프로그램을 수정해 새롭게 개선된 버전을 계속 내놓을 테지만, 그것도 아직 게임 수준에는 미치지 못할 거예요!" 그녀는 프로젝트가 아직 작업 중임을 분명히 나타내기 위해 '내 드래곤 게임(완성되지 않음)'이라는 이름을 붙였다. 또한 프로젝트 노트에 다음과 같이 남겼다. "용이 앞뒤로 움직이면 바위가 중간에 사라지곤 하는데, 이 문제를 해결할 조언이나 도움을 주실 분을 찾아요."

몇 명의 스크래치 회원들이 프로젝트 댓글로 해결 방법을 제시했다. 그녀는 프로젝트를 수정하고 향상된 버전을 공유했지만, 여전히 프로젝트에 만족하지 못했다. 그래서 이번에는 '내 드

---

* 여러 장으로 이어지는 그림을 빠르게 넘겨 움직이는 것처럼 보이게 만드는 효과가 있는 책.

래곤 게임(아직도 완성되지 않음)'이라는 이름을 붙였다. 프로젝트 노트에는 "이것은 아직도 앞으로 게임을 완성해나가기 위한 긴 과정 중 하나일 뿐이에요"라고 남겼다.

많은 아이들은 어떤 일을 바로 끝낼 수 없을 때 실망하거나 좌절한다. 하지만 에메랄드래곤은 아니었다. 그녀는 실수를 두려워하지 않았다. 그녀에게 실수는 과정의 일부일 뿐이었다. 처음 실패에 부딪혔을 때, 그녀는 시도하고 또 시도했다. 커뮤니티의 다른 사람들로부터 조언과 제안을 얻는 것을 주저하거나 멈추지 않았으며, 계속해서 프로젝트를 수정하고 개선하기 위한 새로운 전략을 모색했다.

이런 자세는 창의적 프로세스에 매우 중요하다. 켄 로빈슨^{Ken} ^{Robinson} 경은 그의 유명한 TED 창의성 강연에서, 위험을 감수하고 실수를 마다하지 않는 것이 중요하다고 강조한다. "틀릴 준비가 되어 있지 않다면 당신은 결코 창의적인 일을 할 수 없다. 실수가 최악의 상황이라고 정의하는 교육 시스템 아래서는, 도리어 사람들의 창의적 역량을 빼앗는 교육만 가능할 뿐이다."

아이들을 '창의적 두뇌'로 커가도록 돕기 위해서는 아이들이 맘 편히 실수하고 또 실수를 통해 배울 수 있는 환경을 조성해야 한다. 이것이 바로 내가 아이들이 코딩 배우는 것을 좋아하는 이유 중 하나다. 다른 많은 활동과 비교할 때, 코딩은 실수를 해도 훨씬 더 괜찮다. 나뭇조각을 반으로 자르거나 나뭇조각 두 개를 못으로 박으면 나중에 수정하기 어렵다. 코딩에서는 수행한 작업을 쉽게 취소할 수 있다. 잘못된 것을 복구하고, 수정하고, 새로운 것을 시도하는 작업이 코딩에서는 훨씬 더 쉽다.

전통적으로 프로그래밍에서는 코딩의 실수를 실패가 아니라 해결 가능한 결함인 '버그Bug'로 본다. 좋은 프로그래머가 되기 위해서는 버그를 해결하는 디버깅debugging 전략에 뛰어나야 한다. 즉, 문제점을 찾아내고, 그것을 분리해내고, 그런 다음 그것을 해결해내는 방법에 뛰어나야 한다. 그런데 디버깅 프로세스는 코딩에만 국한되지 않는다. 실제로 아이들이 코딩을 하면서 배운 디버깅 전략은 모든 유형의 문제 해결 및 디자인 활동에 도움이 된다. 코딩 작업이란 변경하고 적용하는 것이 빠르고 쉽기 때문에, 디버깅을 배우고 실습하기에 코딩만큼 좋은 것도 없다.

스크래치의 디버깅 전략 중 하나는 다른 사람과 함께 디버깅하는 것이다. 에메랄드드래곤이 그녀의 드래곤 게임을 디버깅하면서 했던 것처럼, 온라인 커뮤니티에서 다른 사람들에게 조언과 제안을 부탁할 수 있다. 커뮤니티에서 다른 사람의 댓글이 지나치게 비판적일지 모른다고 염려해서 버그를 해결하는 동안 프로젝트 공유를 주저하는 아이들도 있다. 그래서 우리는 스크래치에 새로운 기능을 추가했다. 아이들이 프로젝트가 '초안Draft'임을 표시할 수 있게 하여, 진행 중인 프로젝트를 부담 없이 공유하도록 했다. 프로젝트를 '초안'으로 표시하면 그 프로젝트에 대한 기대치를 조절할 수 있을 뿐만 아니라, 피드백과 조언을 구하고 있음을 좀 더 분명하게 나타낼 수 있다.

스크래치 경험이 어떤 아이들에게는 실수와 실패에 대한 생각을 근본적으로 바꾸게 했다. '아프리카 코딩 주간Africa Code Week'을 다룬 텔레비전 프로그램에서 한 십 대 스크래치 회원은 다음과 같이 설명했다. "코딩은 개인적으로 제게 실수를 포용하고 실패에 대한 두려움을 없애게 하는 방법이었어요. 실수하는 것은 어쩌면 큰 행운이에요. 왜냐하면 그 실수를 해결하거나, 아니면 컴퓨터가 예상하지 못한 이상한 짓거리를 하는 것을 보고, 이것에 끌려서, 오히려 더 파고들게 되기 때문이에요."

이런 사고방식은 심리학자 캐롤 드웩Carol Dweck이 '성장형 사고방식Growth Mindset'이라고 칭한 것과 일치한다. 드웩에 따르면, 성장형 사고방식을 가진 사람들은 지능이 바뀔 수 있다고 보고, 열심히 그리고 헌신적으로 노력하면 계속 배우고 발전할 수 있다고 생각한다. 그들은 기꺼이 도전을 받아들이고, 좌절에도 물러서

지 않고, 실수로부터 배우려 한다. 반면에 '고착형 사고방식Fixed Mindset'을 가진 사람들은 지능이 변하지 않는다고 본다. 그들은 실수가 자기의 타고난 부적합성 때문에 생긴다고 보고, 도전을 피하고 쉽게 포기한다.

우리 연구 그룹은 항상 새로운 기술과 활동을 개발함으로써 '성장형 사고방식'을 장려하고 지원하려 노력한다. 스크래치 프로그래밍 환경을 디자인하고 스크래치 온라인 커뮤니티를 관리할 때도, 아이들이 새로운 것을 시도하고, 위험을 감수하고, 문제에 봉착했을 때 질문하고, 무언가 잘못되었을 때 새로운 전략을 시도하고, 탐구를 진행하면서 서로를 돕는 행위를 쉽고 맘 편히 할 수 있도록 노력한다.

그래서 우리는 어떤 어머니가 자기 딸의 스크래치 경험에 관해 쓴 다음과 같은 블로그 포스트를 보면 마냥 행복해진다. "스크래치는 우리 딸에게 새로운 것을 시도할 수 있는 용기를 주었다. 첫 번째 결과가 실패로 판명 나더라도, 그 실패는 작업을 포기하게 하는 대신 앞으로 나아갈 대안에 대한 단서를 주었다. 어떤 방법이 항상 옳거나 그른 것이 아니라, 같은 결과를 낼 수 있는 다양한 경로가 있다는 사실을 딸아이가 배우게 되어 기뻤다."

긴장과 절충: 평가

과학관Exploratorium에서 함께 연구하는 동료들이 발표한 논문에는 「재미있어하는 것 같은데, 배우고 있기는 하는 건가요It Looks Like Fun, but Are They Learning?」라는 제목의 논문이 있다. 우리가 하고 있는 활동에 대해서도 비슷한 질문을 자주 받는다. "재미있는 접근 방식은 물론 좋지만, 아이들이 그런 경험을 통해 무엇을 얻고 있나요?" 이런 질문은 창의성을 육성하려는 우리의 노력에 대한 가장 큰 도전 가운데 하나이다. 아이들이 배우고 있는 내용을 어떻게 평가할 수 있을까?

이런 질문에 답하기 위해, 섬나라 싱가포르의 학습, 창의성, 평가에 관한 이야기부터 시작하겠다. 싱가포르 학생들은

PISA(국제학업성취도평가) 및 TIMSS(수학과학국제학업성취도) 같은 표준화된 국제시험에서 지속적으로 정상권에 오르고 있으며, 정부 관리와 교육자들은 이런 높은 순위를 자랑스러워한다.

그러나 문제가 있다. 싱가포르 비즈니스는 지난 수십 년에 걸쳐서 창의적 활동이 요구되는 방향으로 변화하고 있지만, 싱가포르 고등학교 졸업생들은 이런 변화하는 요구를 맞추지 못하고 있다는 사실이다. 한 싱가포르 경영자에 따르면, 학교에서 배운 것처럼 잘 정의된 일을 할 때는 신입사원도 곧잘 한다. 하지만 예상치 못한 상황이 발생하면 많은 신입사원들은(심지어 국제시험에서 높은 점수를 받은 사원들조차) 새로운 문제에 제대로 적응하지 못하고 이를 해결할 수 있는 새로운 전략을 찾아내지도 못한다.

이에 따라 싱가포르 교육부는 창의적 사고를 좀 더 장려하기 위해 학교 교육에 변화를 도입하고 있다. 많은 싱가포르 교실에서 전형적인 '반복 학습Drill-and-Practice' 및 '기계적 학습Rote learning'에서 벗어나기 위한 새로운 수업 방법을 실험하는 중이다.

싱가포르를 방문했을 때, 교육부 담당자가 나를 어떤 학교로 데리고 갔다. 학생들이 레고 마인드스톰 로봇 키트를 사용해 직접 로봇을 만들고 프로그래밍하는 학교였다. 학생들은 전국 로봇 경진 대회에 나가려고 만들었던 로봇을 내게 보여주었고, 미로 탐색용 로봇을 어떻게 프로그램했는지 보여주었다. 내가 몇 가지 새로운 작업을 요청하자 학생들은 신속히 로봇을 다시 프로그램해서 요청한 작업에 대한 창의적 해결책을 보여주었다. 나는 깊은 감명을 받았다. 학생들은 분명히 어떤 공학 기술을 배우고 있었다. 하지만 그보다 내게 더 중요한 것은, 그들이 창의적 두뇌로 성장하고 있다는 사실이었다.

학교를 떠나기 전에 나는 학생들을 가르치는 선생님과 이야기하며 어떻게 교과 과정에 로봇 활동을 통합했는지 물어보았다. 그녀는 내가 마치 이상한 질문을 던졌다는 듯 놀란 표정으로 쳐다보며 말했다. "아니에요. 우리는 학교 수업 중에는 결코 이런 활동을 하지 않아요. 학생들은 수업이 끝난 후에 로봇 프로젝트를 해요. 학교 수업 시간에는 수업에 집중해야 하죠."

교사는 전국 로봇 경진 대회에서의 학생들이 일군 업적을 자랑스러워하고 있었으며, 학생들을 창의적 두뇌로 키우기 위해 정부가 이런 활동을 장려하고 있다는 사실도 잘 알고 있었다. 그런데도 그 교사는 학교 수업으로 로봇 활동을 하는 모습을 상상할 수 없었고, 수업은 오직 시험 준비를 위한 주요 과목에만 집중해야 한다고 생각했다.

이 이야기는 비록 한 명의 특정 교사와 특정 활동에 관한 이야기이지만, 더 일반적인 딜레마 또한 지적하고 있다. 표준화된 시험이 수업 활동의 모든 것을 규정하는 시대에, 어떻게 하면 창의성을 장려하고 지원할 수 있을까? 표준화된 시험은 많은 곳, 심지어는 학교 밖 아이들의 삶에까지 영향을 미치고 있다. 학부모들은 아이들에게 시험공부를 시키기 위해 방과후 특별수업에 등록한다.

표준화된 시험을 지지하는 타당한 이유도 물론 있다. 이것은 학생 성적에 대한 책임(학교에서 세금을 제대로 사용하고 있는가), 교사에 대한 피드백(수업 방식은 좋은가), 학생들에 대한 피드백(학생이 이해를 못 하거나 착각하는 부분이 있는가) 등을 평가하는 데 필요하다.

그런데 표준화된 시험이 과연 올바른 것을 측정하고 있을까? 시험은 학생들이 수학 문제를 얼마나 잘 푸는지, 역사에서 특정 날짜를 얼마나 잘 외우는지, 또는 지시를 얼마나 잘 따르는지 측정할 수 있다. 하지만 시험이 아이들 삶에서 가장 큰 차이를 만드는 요소를 측정할 수 있을까? 특히 학생들의 창의적 사고 능력을 측정할 수 있을까?

일부 비평가들은 표준화된 시험을 두고, 어두운 거리에서 열쇠를 잃어버린 사람이 밝은 가로등 아래서 이를 찾으려는 모습과 같다고 빗대어 이야기한다. 학교는 창의적 사고를 측정하는 방법을 모르기 때문에, 그저 쉽게 측정할 수 있는 것만 측정한다. 이런 측정은 일부분 유용할 수 있지만, 교육의 우선순위를 왜곡하기도 한다. 옛말에 "측정할 수 있어야 그것을 소중하게 생각한다"라고 했다. 학교는 아이들 삶에 가장 큰 차이를 만들 수 있는 요소에 가치를 두고 집중하는 게 아니라, 학교가 쉽게 측정할 수 있는 부분에 더 많은 관심과 가치를 두고 있다.

그간 창의적 사고 능력(그리고 전통적으로 측정하기 어려웠던 다른 기술이나 역량)에 대한 정량적 측정법을 개발하기 위한 노력이 있었다. 오늘날처럼 데이터에 집착하는 세상에서, 올바른 데이터만 수집할 수 있다면 모든 것이 정량적으로 측정될 수 있다고 생각하는 사람들이 있다. 그러나 나는 여기에 대해 회의적이다. 사회학자인 윌리엄 카메론William Bruce Cameron은 다음과 같이 말했다. "측정할 수 있는 모든 것이 중요하지도 않으며, 중요한 모든 것을 측정할 수 있는 것도 아니다."

최근 들어서, '근거 기반 실행Evidence-based practice'이란 개념이 교육에서 크게 회자되고 있다. 근거에 기반해 무엇을 가르치고 어떻게 가르쳐야 할지 결정하고, 근거에 기반해 학습 진척 상황을 평가해야 한다는 개념이다. 나도 근거를 소중하게 여겨야 한다는 데에는 동의한다. 그러나 사람들은 숫자와 통계로 표현되는 정량적 근거에만 지나치게 집착하며, 이것은 문제가 아닐 수 없다. 예를 들어 '창의적 사고'나 '배움의 즐거움' 같은 가치 있고 중요한 것을 제대로 지원하려면, 그 근거에 대한 우리의 관점을 넓혀야 한다.

아이들이 무엇을 배우는지를 (단지 숫자로써) 측정하기보다는 (설득력 있는 예로써) 문서화하는 것 또한 필요하다. 아이들이 배운 것을 옳거나 그른 답이 있는 시험을 통해 평가하는 것만으로는 부족하다. 아이들과 협력해 그들이 작업한 프로젝트를 문서화하고, 아이들이 왜, 어떻게, 무엇을 했는지 실증하게 해야 한다. 교사와 다른 사람들은 이 포트폴리오를 검토해, 아이들의 프로젝트와 학습 과정에 대해 제안과 피드백을 할 수 있어야 한다.

대부분의 학교 시스템과 대부분의 사람은 포트폴리오 기반 portfolio-based 접근법을 숫자 기반 접근법만큼 심각하게 생각하지 않는다. K-12까지의 교육*에서 포트폴리오는 평가에 대한 유약한 접근 방식으로 폄하되곤 한다. 그러나 포트폴리오 그리고 비

---

* 유치원에서부터 고등학교 3학년까지 이루어지는 교육.

정량적 근거는 다른 맥락에서는 매우 성공적이라는 사실이 증명된다. 내가 MIT 교수진이 되기 위해 평가를 받는 과정에서 그 누구도 내게 시험을 보라고 하지 않았다. 그 누구도 내가 기여한 연구에 대해 정량적 분석을 하지 않았다. 대신에 나는 내 연구에 대한 포트폴리오를 작성하도록 요청받았다. 그런 다음 내 분야의 전문가에게 내 포트폴리오를 검토하게 했고, 내가 기여한 연구의 중요성과 창의성에 대한 의견을 달라고 요청했다.

우리는 MIT 미디어랩 대학원 프로그램에 입학할 학생들을 뽑을 때도 포트폴리오와 비정량적 평가에 중점을 둔다. 지원자들은 표준화된 시험의 점수를 제출하도록 요구받지 않는다. 비록 지원자들이 대학 성적표를 제출하도록 되어 있지만, 나는 성적표를 거의 보지 않는다. 그 대신에 나는 신청자가 왜 그 프로젝트를 진행했는지, 무엇을 배웠는지, 그리고 무엇을 하고 싶은지가 서술된 프로젝트 포트폴리오와 연구 업적을 검토한다.

비정량적 평가를 강조하는 것은 창의성과 혁신에 중점을 두는 미디어랩의 분위기와 잘 맞는다. 창의성과 혁신을 정량적으로 측정하기란 쉽지 않으므로, 평가를 위한 다른 접근법도 고려해야 한다. 포트폴리오 및 기타 비정량적 접근법이 미디어랩에서 충분히 효과가 있다면, K-12까지의 교육에서도 그렇지 않을까?

나는 K-12까지의 학생을 평가하는 다른 쉬운 방법이 있다고 제안하는 것이 아니다. 미디어랩에서 사용하는 여러 접근 방식은 확장성이 부족해 많은 수의 학생을 평가하는 데는 들어맞지 않는다. 그러나 시험과 측정 중심의 평가가 계속해서 K-12에서 사용된다면, 이것은 교육자, 연구자, 학부모들의 교육에 대한 우선순위와 행동을 계속 왜곡시키고 있을 것이다. 정말로 아이들을 미래 사회에 준비시키는 데 관심이 있다면, 평가에 관한 기존 접근 방식을 재고할 필요가 있다. 평가하기 가장 쉬운 방식을 택할 것이 아니라, 아이들이 배우는 데 있어 무엇이 가장 중요한지에 초점을 두어야 한다.

어린 시절 지미^{Jimmy}는 코스타리카에 있는 학교 주변 컴퓨터 클럽하우스에 정기적으로 다녔다. 현재 29살인 지미는 코스타리카에서 IBM 엔지니어로 일한다.

저자 컴퓨터 클럽하우스는 어떻게 다니게 되었나요?

지미 처음 컴퓨터 클럽하우스를 보자마자 큰 호기심을 느꼈어요. 부모님은 제게 레고를 사줄 경제적 여유가 없었죠. 클럽하우스 코디네이터에게 클럽하우스에서 레고를 사용하려면 얼마를 내야 하느냐고 묻자, 그는 무료라고 대답했어요. 저는 장난이라고 생각했는데, 그는 곧바로 제게 레고 마인드스톰 로봇 키트를 건네주었어요. 그 상자를 연 순간부터 많은 것이 바뀌었죠. 저는 계속 배우고 또 배웠어요. 그리고 그건 모두 공짜였죠.

저자 어릴 때부터 무엇을 만드는 데 열정이 있었던 것 같군요. 그 열정은 어떻게 생겼나요?

지미 목수였던 아버지가 나무로 조그만 것들을 만드는 방법을 가르쳐주셨죠. 그래서 저는 손으로 무엇을 만드는 게 쉬웠어요. 병뚜껑과 사각형 나뭇조각으로 작은 차를 만들었어요. 병과 종이, 플라스틱, 껌 같은 걸로 작은 로봇을 만들기도 했죠. 움직이지 않는 작은 피규어에 불과했지만, 컴퓨터 클럽하우스에 가기 전부터 로봇을 만들기 시작한 셈이죠.

저자 클럽하우스에서 어떤 로봇을 만들었나요?

지미 어린 시절, 저는 공룡을 좋아했어요. 제가 만든 두 발 티라노사우루스가 기억나요. 저는 바퀴를 쓰기 싫어하는 아이였어요. '왜 바퀴를 사용해야 하지? 나는 발을 사용하고 싶은데'라고 생각했죠. 저는 다른 동물들이 그려진 그림을 공부하기 시작했고, 동물은 어떻게 발을 움직일까 생각했어요. 제가 12살에 처음 만든 두 발 로봇이 티라노사우루스예요. 그 이후로 다른 두 발 로봇을 많이 만들었죠.

팔이 움직이는 원숭이도 만들었어요. 친구들과 함께 방을 가로질러서 끈을 매달았는데, 원숭이가 그 끈을 따라 한 팔 한 팔 움직일 수 있었어요. 저는 이렇게 생각했어요. '여기서 저기로 가는데 왜 바퀴가 필요하지?'

색깔에 따라 레고 브릭을 분류하는 기계도 만들었어요. 그 기계는 이쪽저쪽으로 레고 브릭을 밀어내는 작은 팔이 있었는데, 프린터에서 꺼낸 센서를 여기에 이용했죠. 이 기계에 사용할 코드를 개발하는 일은 큰 도전이었고, 몇 주나 걸렸어요.

저자 클럽하우스에서 프로젝트를 진행하면서 배워야 할 것들은 어떻게 배웠나요?

지미 클럽하우스에서 로봇을 제작하기 시작하면서 저는 도르래와 톱니바퀴를 가지고 놀기 시작했어요. 그리고 새로운 것이 어떻게 동작하는지 시도해보기를 계속했죠. 큰 톱니바퀴와 작은 톱니바퀴를 어떻게 조합하는지에 따라 속도를 늦추거나 빠르게 할 수 있다는 사실도 배웠어요. 클럽하우스에는 다양한 기계 작용을 보여주는 책이 있었어요. 레오나르도 다빈치가 고안한 여러 기계를 그림으로 보여주던 책이 기억나네요.

그런 다음에 저는 로봇을 프로그램하는 방법을 배워야 했어요. 프로그램에 대해 아무것도 몰랐던 터라, 로고의 작은 거북이를 가지고 프로그래밍을 시작했어요. 작은 거북이를 프로그램함으로써, 제 생각을 프로그램 논리에 적용하는 방법을 배웠죠. 그 이후로 C++, 자바 Java, 파이썬 Python 등을 배울 때도 같은 논리를 사용했어요. 하지만 모든 것의 시작은 클럽하우스에서 작은 거북이와 함께한 로고였어요.

다른 클럽하우스 회원들과 협력하면서 많은 것을 배웠어요. 저희는 항상 아이디어를 공유했죠. 클럽하우스에서 열린 '십 대들의 정상회담 Teen Summit'에 참석했을 때 저는 전 세계 여러 나라 아이들과 협력할 수 있는 기회를 얻었어요. 그건 제게 아주 새로운 경험이었죠. 저는 다른 아이들과 제 아이디어를 공유했고, 그 아이들도 저와 아이디어를 공유했어요. 우리는 함께 더 좋은 로봇을 만들 수 있었죠.

저자 클럽하우스에서의 경험이 현재 당신이 IBM에서 맡은 업무에 어떻게 도움이 되죠?

지미 클럽하우스 덕분에 제게 많은 문이 열렸어요. 저는 대학에서 전자공학을 전공했고, 현재 코스타리카에서 IBM 엔지니어로 일하고 있어요. 일할 때는 마치 클럽하우스 '십 대들의 정상회담'에서 했던 것처럼 여러 나라 사람들과 함께 일을 하지요.

클럽하우스에서 저는 마음과 열정을 다하면 무엇이든 만들어낼 수 있다는 사실을 배웠어요. 이건 기술이 아니라 철학 같은 거죠. 클럽하우스에서 제가 배운 건 공유하고, 공유하고, 공유하는 거였죠. 정보를 공유하고, 기술을 공유하고, 배운 것을 공유하는 거 말이에요.

저자 앞으로의 계획은 뭔가요?

지미 IBM에서 일하는 시간 외에 저는 스크래치, 아두이노^Arduino* 및 레고 위두^LEGO WeDo**를 사용해 로봇을 개발하고 있어요. 저는 스크래치 코드를 포함한 로봇 제작 설명서 및 호환 가

---

* 다양한 센서나 부품을 연결할 수 있고 입출력, 중앙처리장치가 포함된 기기 제어용 기판.
** 레고 브릭과 여러 가지 센서, 모터 등으로 이루어진 교구.

능한 다양한 로봇 제작 자료들을 완전 무료로 다운로드할 수 있는 웹사이트를 계획하고 있어요.

컴퓨터 클럽하우스에서 배운 많은 것들을 다른 사람들에게도 가르치고 싶어요. 저는 기술이 끝이 아니라고 말하고 싶어요. 기술은 다른 사람을 돕는 매개체이죠. 다른 아이들도 제가 클럽하우스에서 배운 방법을 익히도록 돕고 싶어요. 제 지식을 단지 저를 위해 가둬둘 수는 없어요. 제가 배운 모든 것을 다른 사람들을 위해 쓰고 싶어요.

제6장

창의적 사회

 지난 수십 년간 '산업화 사회'에서 '정보화
사회'로의 전환에 관해 많은 이야기가 있었다. 사람들은 이제 천
연자원이 아닌 정보를 경제와 사회를 이끄는 힘으로 보고 있다.
지금 이 시대를 '지식 사회'로 부르길 좋아하는 사람들도 있다.
정보가 지식으로 바뀔 때 가치가 생기기 때문이다.

 이 책에서는 이와는 다르게 '창의적 사회Creative society'라는 틀에
서 한번 살펴보겠다. 사회가 변화하는 속도가 점점 빨라지면, 사
람들은 이런 변화 상황에서 어떻게 적응해나갈지 배워야 한다.
개인이건, 커뮤니티이건, 회사이건, 나라이건 관계없이, 미래 시
대의 성공이란 창의적으로 생각하고 행동하는 능력에 기반을 둘

수밖에 없다.

　창의적 사회로의 변화는 사회적 요구이기도 하며 기회이기도 하다. 먼저 아이들을 '창의적 두뇌'로 개발해, 빠르게 변하는 세상에서의 삶을 제대로 준비할 수 있도록 도와야 한다. 그런가 하면 이런 사회적 변화를 좀 더 인간적인 가치를 퍼뜨릴 기회로 활용할 수도 있다. 창의적 사회에서의 삶을 아이들이 제대로 준비하도록 돕는 좋은 방법 가운데 하나는 그들이 자기의 관심을 좇아서, 자기 아이디어를 탐구하고, 자기 목소리를 내는 기회를 제공하는 것이다.

　이런 기회를 이용하여 새로운 가치를 키우려면 학부모, 교사, 디자이너, 정책 입안자, 학생 등 사회 각계각층의 뜻을 끌어모아야 한다. 어떻게 그렇게 할 수 있을까? 내가 아이디어와 영감을 받은 곳은 이탈리아의 작은 도시 레지오 에밀리아Reggio Emilia이다. 이 도시는 유치원 네트워크를 개발해 창의적 사회의 가능성을 드러냈다.

　레지오 방식의 핵심은 어린이의 능력에 대한 깊은 존중이다. 학교는 아이들의 탐구와 조사를 지원하고 문서화하도록 되어 있다. 레지오 교실을 방문했을 때 나는 상추를 비롯한 여러 채소의 세부 구조를 조사하기 위해 아이들이 사용했던 돋보기, 현미경,

웹카메라로 가득한 책상을 보았다. 다른 책상에는 다양한 종류의 크레용과 색연필, 공작 재료가 쌓여 있었다. 아이들은 이를 이용해 도시의 어떤 장면을 그리고, 그것에 기초해 도시 모델을 만들고 있었다. 다른 교실에서는 아이들이 학교 뜰에서 발견한 벌레들을 관찰하면서, 벌레에 관해 배우고 있었다.

레지오 교실에서는 학생과 교사가 끊임없이 작업한 내용을 문서화하고, 모든 사람이 볼 수 있도록 교실 벽에 게시한다. 그들 용어에 따르면 이것은 '학습 가시화make learning visible' 과정의 일부이다. 작성한 문서는 여러 가지 목적으로 사용된다. 아이들은 자기가 한 일을 되새겨보고, 교사는 학생들 생각을 더 잘 알 수 있으며, 학부모는 (교실을 방문할 때) 아이가 뭘 하고 있는지 알 수 있다. 학부모는 파트너 및 조력자로서 교육 과정의 모든 부분에 참여하도록 초대받는다.

일부 문서는 책자 형태로 출판되어 전 세계의 교사와 학부모, 연구원들이 레지오 경험을 배울 수 있게 한다. 아이들이 그림자에 관해 탐구한 것을 기록한 책도 한 권 있다. 이 책은 아이들이 그림자를 만들면서 노는 다양한 사진으로 가득하다. 아이들은 다른 형태의 물건으로 다른 모양의 그림자를 만들고, 시간이 흐르면서 그림자가 어떻게 변해가는지 관찰한다. 이 책에는 한 아

이의 말을 인용한 재미있는 제목이 붙어 있다. 바로 『개미 빼고
는 모든 것에 그림자가 있다 Everything has a Shadow, Except Ants』이다.

종종 아이들은 팀으로 구성되어 장기적 협력 프로젝트에 참
여한다. 내가 1999년 레지오를 처음 방문했을 때는, 유치원 한
반이 학교에서 몇 블록 떨어진 오페라 하우스의 새로운 커튼을
디자인하는 프로젝트에 1년간 참여하고 있었다. 아이들은 오페
라 하우스에서 몇 주를 보내면서 오페라 하우스의 안팎을 공부
했다. 그러고는 오페라 하우스 주변에 심긴 식물에 관한 관심과
최근 상영된 영화 「벅스 라이프 A Bug's Life」에 관한 관심에 기반해,
커튼 디자인에 식물과 벌레를 포함하기로 결정했다. 아이들은
선생님들과 함께 씨앗이 싹을 틔우는 식물의 한살이와 곤충의
탈바꿈 과정에 관해 공부했다.

아이들은 식물과 벌레 그림 수백 가지를 그린 뒤, 이를 컴퓨터
로 스캔해 그림을 변형하고, 조합하고, 큰 크기로 사본을 떠놓기
도 했다. 연말 즈음에는 다시 오페라 하우스에서 몇 주를 보내면
서 그 이미지를 커튼에 그려 넣었다. 이 프로젝트는 레지오 아이
들이 어떻게 지역 사회의 생활에 적극적으로 참여하는지 보여주
는 사례이다. 다른 프로젝트에서는 아이들이 새가 물을 먹는 분
수를 디자인해서 레지오 공원 안에 만들었다. 레지오의 여러 새

로운 교육 방식을 이끈 카를라 리날디^{Carla Rinaldi}는 "아이들은 태어난 순간부터 온전한 시민이다"라고 말했다. 레지오에서는 마을이 아이들을 키우기도 하지만, 아이들도 마을을 키운다.

로리스 말라구찌^{Loris Malaguzzi}는 1960년대부터 1990년대까지 레지오 학교에서 일하며 레지오 교육 방식의 기초를 마련했다. 말라구찌의 핵심 아이디어 중 하나는 아이들이 이미 세상을 탐구하고 자신을 표현하는 다양한 방법을 지니고 있다는 것이다. 그의 시 「백 가지 언어^{The Hundred Languages}」에서 말라구찌는 다음과 같이 썼다.

The child has

아이는

a hundred language

백 가지 언어와

a hundred hands

백 가지 손과

a hundred thoughts

백 가지 생각과

a hundred ways of thinking

백 가지 방식으로

of playing, of speaking.

놀고, 이야기한다.

말라구찌는 대부분의 학교가 아이들의 상상력과 창의력을 제약하는 현실에 비판적이었다.

The child has

아이는

a hundred languages

백 가지 언어를 가지고 있지만

(and a hundred hundred more)

(그리고 수백 수천 가지 더)

but they steal ninety-nine.

99가지를 도둑맞는다.

The school and the culture

학교와 문화라는 것이

separate the head from the body.

몸에서 머리를 분리하고는,

They tell the child:

아이에게 이렇게 말한다.

to think without hands

손 없이 생각하고

to do without head

머리 없이 행하며

to listen and not to speak

듣되 말하지 말고

to understand without joy

기쁨 없이 이해하라고.

to love and to marvel

사랑하고 경탄하는 것은

only at Easter and at Christmas.

오직 부활절과 크리스마스에만 하라고.

말라구찌는 주로 취학 전 아동과 유치원 아이들을 대상으로 아이디어를 개발했다. 하지만 레지오 방식은 모든 연령대의 학습자에게 적합하다. 우리는 모든 사람을 위해 백 가지 언어 혹은 그 이상을 지원해야 한다.

이런 아이디어를 실천에 옮기기는 쉽지 않다. 진보주의 교육 운동의 선구자였던 존 듀이도 자신의 접근 방식에 대해서 "간단하지만 쉽지는 않다"라고 말한 적이 있다. 즉, 아이디어를 설명하기는 상대적으로 쉽지만 실천으로 옮기기는 어렵다는 것이다. 레지오 접근 방식과 창의적 학습의 4P도 마찬가지다. 개념은 쉽지만 실천하기란 어렵다.

창의적 사회로 가는 길 또한 쉽지도 단순하지도 않다. 많은 방면에서 많은 사람을 참여시켜야 한다. 아래 3개의 절에서 나는 학생, 학부모, 교사, 디자이너, 개발자들이 창의적 사회로 더 잘 나아갈 수 있도록, 이를 지원하고 북돋우는 도움말을 이야기해 보려 한다.

아이들은 프로젝트를 하면서 도구와 기술 사용법을 배우지만, 더 중요한 점은 이를 하면서 창의적 프로젝트를 위한 보편적 전략을 배운다는 것이다. 여기에서는 이런 창의적 학습을 잘하기 위한 전략 목록을 작성해보려 한다. 이 주제를 쓰려고 오래된 옛날 노트를 보다가 아이들 그룹이 만든 전략 목록을 발견하게 되었는데, 이것이 내가 만든 것보다 나아서 이것을 기초로 사용한다.

이 목록은 박티아르 미캑Bakhtiar Mikhak이 주최한 보스턴 과학박물관 워크숍에서 만들어졌다. 워크숍에서는 12세 그룹 아이들이 시제품 로봇 기술을 사용해 상호작용하는 창작물을 만들었다.

첫날 워크숍이 끝날 무렵 아이들과 함께 프로젝트를 시연해보고 토론한 뒤, 박티아르는 다음 날 유사한 워크숍에 참여할 다른 아이들을 위해 몇 가지 도움말을 적어달라고 부탁했다. 여기에 아이들이 적어준 도움말이 있다. 거기에 내가 조금 보탰다.

1 간단하게 시작해라

이 도움말은 너무 뻔해 보여서 사람들이 무시하곤 한다. 하지만 결코 그래서는 안 된다. 초보자가 스크래치 프로젝트를 시작할 때면 대부분은 그 스크립트들이 무엇인지도 잘 모르면서 처음부터 스크립트를 복잡하게 작성하곤 한다. 나는 스크래치 프로젝트를 할 때 항상 간단한 스크립트로 시작하고, 이것이 원하는 대로 동작하는지 확인하고, 그런 다음 다른 스크립트를 추가하고, 그때마다 그것을 시험하고 수정한다. 워크숍을 시작할 때는 참가자들에게도 비슷한 전략을 따르도록 권한다. "간단한 것으로 시작하고, 그것을 제대로 한 다음, 확장하고 개선하세요." 이 전략은 스크래치 프로젝트뿐만 아니라 모든 프로젝트에도 들어맞는다.

② 좋아하는 것을 해라

내 동료 나탈리 러스크는 "재미는 배움을 촉발하는 자원이에요"라고 말한다. 좋아하는 프로젝트를 할 때면 우리는 기꺼이 더 오래 더 열심히 하고 더 끈질기게 도전한다. 이는 새로운 것을 배우게 하는 동기부여가 되기도 한다. 나탈리의 남동생은 어려서 음악을 좋아했기 때문에 악기 연주를 배웠고, 나중에는 음악과 소리를 녹음하고 증폭하고 조정하고 싶어 전자공학과 물리학을 배웠다. 이처럼 학습과 동기부여 사이의 관계는 양방향이다. 아일랜드 시인 예이츠W. B. Yeats가 말했듯이 "교육이란 양동이에 물을 채우는 일이 아니라 불을 지피는 일이다".

③ 뭘 할지 모르겠으면 이렇게 저렇게 해봐라

새로운 프로젝트를 시작할 때면 막막하다. 마치 무엇을 써야 할지 아무 생각이 없으면서 텅 빈 종이를 쳐다보고 있는 것처럼. 하지만 걱정하지 마라. 시작할 때는 목표나 계획이 분명하지 않아도 된다. 좋은 아이디어는 때로는 이렇게 저렇게 팅커링해보면서 떠오른다. 공구나 재료를 새로운 방식으로 사용해보자. 익숙한 재료를 익숙하지 않은 방법으로 사용하거나, 익숙하지 않은 재료를 익숙한 방식으로 사용해보자. 바보 같거나 유별나게 사용해보자. 그러다 무언가가 당신의 주의를 끌면, 그것에 집중하고 그것을 탐구해보자. 당신의 호기심이 당신을 이끌게 하라. 호기심에 따라 움직이면 궁극적인 새로운 목표와 계획, 새로운 열정을 얻을 수 있다.

4 실험해보는 것을 두려워하지 마라

어떤 지침을 잘 따르는 것도 도움이 된다. 지침을 잘 따르면 이케아 가구를 조립할 수 있고, 맛있는 음식을 요리할 수 있으며, 학교에서 공부도 잘 할 수 있다. 그런데 지침을 준수하는 데 머물러 지침만 따르는 경우에는, 창의적이거나 혁신적인 것은 할 수 없다. 주어진 지침이 더 이상 적용되지 않는 상황이 발생하면 어찌할 바를 모르게 된다. 창의적 두뇌가 되려면 기꺼이 실험을 하고, 새로운 것을 시도하고, 기존의 지혜를 뛰어넘어야 한다. 음식 조리법을 바꾸면 맛없는 저녁이 만들어질 수도 있지만, 새롭고 창의적인 요리가 나올 수도 있다.

5 같이 할 친구를 찾고, 아이디어도 공유해라

다른 사람들과 협력하는 방법에는 여러 가지가 있다. 프로젝트를 직접 같이 하는 방법도 있고, 각자의 아이디어와 작업을 공유하는 방법도 있다. 함께 일하면 누군가와 이야기하지 않고도 영감을 얻을 수 있다. 작은 그룹에 가입하거나 대규모 팀에 참여하라. 그룹의 리더이든 일개 참여자이든 상관없다. 모든 형태의 공유와 협업은 학습 과정에 도움이 된다. 교육학자 진 레이브^{Jean} ^{Lave}와 에티엔 웽거^{Etienne Wenger}는 처음에는 단순한 형태의 공유와 협업을 통해 새로운 커뮤니티에 참여하고, 점차 더 중요한 역할을 해나가는 것도 좋다고 생각했으며, 이를 '합리적인 주변적 참여^{Legitimate Peripheral Participation}'라 불렀다.

6 남의 것을 모방해 아이디어를 얻어도 괜찮다

이 부분을 쓰면서 나도 이 도움말을 활용했다! 이 꼭지를 시작할 때 설명했듯이, 아이들로부터 받은 도움말을 '모방해서' 여기에 사용했다. 사람들은 모방을 도둑질이나 속임수 같은 것이라 생각한다. 하지만 출처를 밝히고(이 꼭지의 시작 부분에서 했던 것처럼), 거기에 자신의 아이디어를 추가하는 것은(각각의 도움말에 내가 의견을 추가하는 것처럼) 나쁠 게 없다. 공동체 구성원들이 서로의 작업에 서로의 성과를 더할 수 있게 되면 공동체는 더욱 창의적이 된다. 이것이 양방향이라는 점을 기억하자. 다른 사람의 작업을 자유롭게 활용해야 하지만, 자기 작업도 다른 사람들이 자유롭게 활용할 수 있도록 열어두어야 한다.

7 아이디어를 기록으로 남겨라

아이디어와 프로젝트를 기록해두는 것은 귀찮고 하찮은 일로 보일 수도 있다. 교실에서 기록이란 주로 평가와 관련된다. 선생님이 평가할 수 있도록 우리는 무엇을 했는지 기록해야 한다. 이는 그다지 동기부여가 되는 일은 아니다. 그러나 종이 스케치북이든 온라인 블로그이든 상관없이, 반드시 작업을 기록해두어야 하는 다른 이유가 있다. 기록한 문서를 통해 아이디어와 프로젝트를 다른 사람과 공유하고 피드백과 제안을 받을 수 있다. 또한 자신의 문서를 되짚어보는 것도 매우 유용하다. 문서는 현재 자기가 한 일을 미래의 자신과 공유하는 방법일 수 있다. 과거 프로젝트를 기록한 문서를 보면서 자신이 왜 그렇게 했는지, 어떻게 그렇게 했는지 기억할 수 있다. 그래서 미래에는 어떻게 더 잘할지(또는 적어도 어떻게 다르게 할지)에 대한 아이디어를 얻을 수도 있다.

8 만들고, 분해하고, 그리고 다시 만들어보라

처음부터 뭔가를 잘할 수 있으리라 기대해서는 안 된다. 시도를 여러 번 해보는 게 도움이 된다. 유명한 TED 강연에서 톰 우젝Tom Wujec은 마시멜로 챌린지Marshmallow Challenge라고 불리는 디자인 활동에 대해 이야기했다. 사람들이 팀을 이루어 스파게티, 마스킹 테이프, 끈, 마시멜로(가장 꼭대기에 둘 것) 등을 사용해 18분 안에 가장 높은 조각품을 만드는 활동이다. 우젝은 비즈니스 스쿨 학생보다 유치원생이 이것을 더 잘한다고 말했다. 왜 그럴까? 비즈니스 스쿨 학생들은 할당된 18분 동안 조각품을 디자인하고 만들기 위한 상세한 계획을 세우는 경향이 있었다. 그러나 어쩔 수 없이 발생할 수밖에 없는 문제를 해결할 시간이 없어서 대부분의 조각품은 그냥 무너지고 만다. 반면에 유치원생들은 대부분 다른 방식으로 접근한다. 처음 몇 분 안에 간단한 구조를 만들어본 다음, 나머지 시간은 이것을 수정하고 확장하고 개선하는 데 보낸다.

9 많은 일이 잘못되어도 포기하지 마라

최근에 나는 영어 단어 'Stick'과 'Stuck'의 관계에 관해 생각해보았다. 어떤 문제나 프로젝트에 걸려서 빠져나오지 못하게 되면get stuck 그냥 그것에 마구 매달려stick 있어야 할까? 결단력과 끈기가 도움이 되기도 하지만, 그것만이 답은 아니다. 이를 벗어나기 위한 전략이 필요하다. 카렌 브레넌은 아이들이 스크래치 프로젝트를 하면서 어떤 식으로 문제에 걸려 빠져나오지 못하는지, 그리고 이를 벗어나기 위한 어떤 전략이 있는지 연구했다. 아이들이 문제에서 벗어나기 위해 사용한 몇 가지 전략이 여기 있다. 코드를 이렇게 저렇게 바꾸어보고, 온라인 커뮤니티에서 유사한 예를 찾아보고, 같이 프로젝트를 해볼 다른 사람을 찾아본다. 아이들은 또한 "언제 쉴지를 알아야 해요"라고 덧붙였다. 쉬고 난 다음에는 신선한 아이디어로 프로젝트를 다시 마주할 수 있기 때문이다.

🔟 자신만의 학습 도움말을 만들어라!

과학박물관 워크숍의 아이들은 아홉 개의 도움말만 나열했지만, 나는 이 장의 각 꼭지에서 열 개의 도움말을 제공하고 싶다. 그래서 나는 이 열 번째 도움말을 직접 만들었다.

남이 권하는 학습 전략을 읽어보는 것도 중요하지만, 가끔은 자기 자신의 학습 전략을 세우는 게 더 가치가 있다. 자신의 학습에 주의를 기울이고, 무엇이 자신에게 효과적이고 무엇이 그렇지 않은지를 파악하고, 앞으로 어떻게 학습해나갈지 자기 자신의 전략을 만들어라. 계속 자기의 학습 전략을 다듬고, 다른 사람들과 공유하라. 기억하자. 당신에게 효과가 있는 것은 다른 사람에게도 효과가 있을 수 있다.

학부모와 교사를 위한 열 가지 도움말

흔히 아이들의 독창성을 키우는 가장 좋은 방법은 아이들을 간섭하지 않고 창의적이 되도록 그냥 내버려두는 것이라는 일반적인 오해가 있다. 아이들은 천성적으로 호기심이 많고 탐구적이긴 하지만, 창의적 역량을 개발하고 충분한 창의력을 발휘할 수 있게 만들려면 지원이 필요하다.

아이들을 발달시키려면 언제나 균형이 중요하다. 얼마나 체계화하고 얼마나 자유롭게 둘 것인지, 언제 참견하고 언제 뒤로 물러설 것인지, 언제 보여주고 언제 말하고 언제 묻고 언제 들어야 하는지에 있어 모두 균형이 필요하다.

이 꼭지를 정리할 때 학부모와 교사를 위한 도움말을 함께 묶어서 정리하기로 했다. 집이나 교실이나 창의력을 키우는 것과 관련된 핵심 문제는 같다고 생각하기 때문이다. 중요한 점은 아이들에게 '창의력을 가르치는 것'이 아니라, 아이들의 창의력이 뿌리내리고 성장하고 번성할 수 있는 비옥한 환경을 만들어주는 것이다.

나는 이 꼭지를 이 책 1장에서 논의한 '창의적 학습의 선순환'을 이루는 다섯 가지 요소인 '상상, 창작, 놀이, 공유, 생각'에 따라 구성했다. 하고 싶은 것을 상상해서 프로젝트를 창작하고, 프로젝트를 하면서 도구와 재료를 가지고 놀고, 그때 나온 아이디어와 창작물을 다른 아이들과 공유하고, 그런 경험을 생각해봄으로써 아이들이 창의적이 되도록 돕는 전략을 제안한다.

나는 위 다섯 가지 구성 요소마다 두 가지씩, 모두 열 가지 도움말을 제시한다. 물론 이 열 가지 도움말은 아이들의 창의력을 키우기 위해 묻고 행동해야 할 많은 내용 가운데 아주 작은 부분이다. 이를 대표적 사례로 생각하고, 자신에게 필요한 더 많은 도움말을 떠올릴 수 있기를 바란다.

1 상상: 아이디어를 불러일으킬 예제를 보여줘라

텅 빈 페이지, 텅 빈 캔버스, 텅 빈 화면은 보기만 해도 주눅

이 든다. 반면 좋은 예제는 상상력을 불러일으킨다. 스크래치 워크숍에서 우리는 무엇이 가능한지(영감을 주는 프로젝트)와 어떻게 시작하면 좋은지(시작 프로젝트) 느낄 수 있도록 항상 여러 예제 프로젝트들을 보여주면서 시작한다. 우리가 다양한 프로젝트를 보여주는 이유는 그중 어떤 것이 워크숍 참가자들의 관심과 열정에 연결되기를 기대하기 때문이다. 물론 아이들이 단순히 그것을 모방하거나 복사할 위험도 있다. 모방이나 복사는 시작으로는 괜찮지만, 단지 시작에 그쳐야 한다. 아이들에게 그 예제를 변경하거나 수정하도록 권해라. 그것에 다음과 같은 자신의 생각이나 의미를 추가할 것을 권해라. 무엇을 다르게 할 수 있을까? 어떻게 자기 스타일을 더할 수 있을까? 어떻게 자신의 흥미와 연결할 수 있을까? 어떻게 자신의 것으로 만들 수 있을까?

② 상상: 어질러보라고 권하라

대부분의 사람은 머릿속에서 상상력이 나온다고 생각하지만, 손 또한 상상력에 매우 중요하다. 아이들이 프로젝트 아이디어를 떠올릴 수 있도록, 종종 여러 재료를 가지고 어질러보게 하자. 아이들은 레고 브릭이나 공작 재료를 가지고 이렇게 저렇게 해보면서 새로운 아이디어를 얻는다. 가끔 생각 없이 그냥 시작했던 게 프로젝트의 출발점이 되기도 한다. 우리는 실제 손으로 만져볼 수 있는 작은 활동을 구성해 아이들이 무엇을 시작해보게 만들기도 한다. 예를 들어 아이들에게 레고 브릭 몇 개로 뭘 만든 다음, 그것을 친구에게 줘서 다른 걸 더 만들어보고, 이것을 여러 번 왔다 갔다 반복하도록 한다. 이렇게 몇 번 반복하다 보면 자신이 만들고 싶은 것에 대한 새로운 아이디어를 얻는 경우가 종종 있다.

③ 창작: 여러 다양한 재료를 제공하라

아이들은 주변에 있는 장난감, 도구, 재료에 깊은 영향을 받는다. 아이들을 창의적 활동에 동참시키려면 그림, 건축, 공예 같은 다양한 것에 접하게 해야 한다. 로봇 키트나 3D 프린터 같은 신기술이 아이들의 창작 범위를 넓힐 수는 있지만, 그렇다고 전통적 재료를 간과해서는 안 된다. 어떤 컴퓨터 클럽하우스 코디네이터는 회원 한 명이 첨단기술 없이 '나일론, 신문, 새 모이' 만으로 인형을 만들었다는 사실을 알았을 때, 이를 인정하기 어려워했다. 하지만 나는 그 프로젝트가 훌륭하다고 생각했다. 다른 재료는 각기 다른 대상에 좋다. 레고 브릭과 아이스캔디 막대는 뼈대를 만들기에 좋고, 여러 종류의 천은 피부를 만들기에 좋다. 스크래치는 움직이고 상호작용하는 것을 만들기에 좋다. 펜과 마커는 그림 그리기에 좋으며, 접착제와 테이프는 물건을 붙이는데 좋다. 재료가 다양할수록 창의적 프로젝트의 기회도 덩달아 커진다.

4 창작: 뭘 만들든지 받아들여라

아이들은 다양한 유형의 만들기에 관심이 있다. 어떤 아이들은 레고 브릭으로 집과 성을 만들기를 즐긴다. 어떤 아이들은 스크래치로 게임과 애니메이션 만드는 것을 즐긴다. 다른 아이들은 보석, 비누 상자, 경주용 자동차, 또는 디저트 만들기를 즐긴다. 나처럼 미니어처 골프 코스를 만드는 아이도 있다. 시 또는 짧은 이야기를 쓰는 것도 일종의 '만들기'이다. 아이들은 이런 모든 활동을 통해 '창의적 디자인 과정 Creative Design Process'을 배울 수 있다. 아이들이 자기가 공감하는 '만들기 유형 Types of making'을 찾도록 도와줘라. 그보다 더 좋은 방법은, 아이들이 여러 유형의 만들기에 참여하도록 장려하는 것이다. 그러면 아이들이 창의적 디자인 과정을 더 깊이 이해할 수 있다.

⑤ 놀이: 결과가 아닌 과정을 강조해라

이 책에서 나는 만들기의 중요성을 강조했다. 실제로 사람들은 능동적으로 무엇을 만들 때 가장 좋은 학습 경험을 얻는다. 그러나 그것이 단지 '만들어진 결과물'에 모든 주의를 기울여야 한다는 사실을 의미하지는 않는다. 더 중요한 것은 '만드는 과정'이다. 아이들이 프로젝트를 할 때 단지 최종 결과물이 아니라 그것을 만드는 과정에 주의를 쏟도록 해라. 아이들에게 전략과 영감을 어떻게 얻었는지 질문해라. 실패한 실험도 성공한 실험만큼 존중해서, 실험을 장려해라. 아이들이 프로젝트의 중간 단계를 당신과 공유하고, 다음 수행계획과 그 이유에 대해 이야기할 시간을 함께 가지면 좋다.

⑥ 놀이: 프로젝트하는 시간을 늘려라

아이들이 창의적 프로젝트를 수행하는 데는 시간이 걸린다. 아이들이 이 생각 저 생각을 해보고, 실험해보고, 새로운 아이디어를 탐구하는 데는 시간이 오래 걸린다. 그래서 프로젝트를 50분짜리 표준 수업 또는 일주일에 몇 차시짜리 수업에 짜맞추려 들면 아이들이 프로젝트 전체를 제대로 생각할 수 없게 된다. 시간을 제약하면 위험을 감수하거나 실험하길 꺼리며, 할당된 시간 안에 올바른 대답을 빨리 찾는 데만 신경을 쓰게 된다. 그러므로 아이들이 프로젝트를 조금 바꾸려 하면 두 배의 시간을 주고, 아주 많이 바꾸려 하면 학교에서 프로젝트만 하는 경우라도 며칠이나 몇 주(심지어 몇 달)를 따로 할당해줄 필요가 있다. 또한 아이들이 프로젝트에 좀 더 많은 시간을 보낼 수 있도록 방과후 프로그램이나 지역 커뮤니티 센터를 활용해라.

7 공유: 엮어주는 역할을 하자

많은 아이들이 아이디어를 공유하고 다른 아이들과 프로젝트를 협력하기를 원하지만 어떻게 해야 할지 잘 모른다. 당신이 중매 역할을 해서 교실에서든 온라인에서든 아이들이 협력할 다른 사람들을 찾도록 도울 수 있다. 컴퓨터 클럽하우스에서 직원과 멘토는 클럽하우스 회원들을 서로 연결하는 데 많은 시간을 할애한다. 때로는 비슷한 관심을 가진 회원들을 모아준다. 예를 들어, 일본 만화나 3D 모델링에 관심을 가진 회원들을 모으는 식이다. 또는 상호보완적 관심을 가진 회원들을 모아줄 수 있다. 예를 들어, 예술에 관심을 가진 회원과 로봇에 관심을 가진 회원을 서로 연결해서 상호작용하는 조각품을 함께 만들도록 할 수 있다. 스크래치 온라인 커뮤니티에서는 협력할 다른 사람들을 찾을 수 있도록 한 달짜리 협력 캠프를 만들었으며, 서로 효과적으로 협력하는 전략도 배운다.

8 공유: 협력자로 참여해라

어떤 학부모와 멘토는 아이들에게 무엇을 해야 하는지 알려주거나 문제 해결 방법을 보여주기 위해 키보드를 잡는 등 아이들의 창의적 프로젝트에 깊이 개입한다. 반면에 어떤 학부모와 멘토는 전혀 개입하지 않는다. 그런데 그 중간에 어른과 아이가 프로젝트를 같이 하면서 진정으로 협력할 수 있는 효과적인 지점이 있다. 어른과 아이 양쪽이 프로젝트를 함께 하면 서로 얻을 수 있는 것이 많다. 좋은 예가 리카로즈 로크Ricarose Roque의 '창의적 가족 학습Family Creative Learning' 운동인데, 부모와 아이가 지역 커뮤니티 센터에서 5회에 걸쳐 프로젝트를 함께한다. 그런 경험이 끝날 때면 부모와 아이는 서로의 능력에 대해 존경심을 품게 되며, 서로의 관계도 좋아진다.

9 생각: 본질적 질문을 해라

아이들이 프로젝트에 몰두하는 것은 대단한 일이다. 그러나 프로젝트를 하면서 일어난 일에 대해 아이들이 한 걸음 물러서서 생각해보도록 하는 것도 중요하다. 아이들에게 프로젝트에 관해 질문함으로써 좀 더 깊이 생각해보도록 유도할 수 있다. 나는 종종 다음과 같은 질문으로 시작한다. "프로젝트에 대한 아이디어를 어떻게 얻었나요?" 이것은 내가 정말로 알고 싶은 본질적 질문이다. 이 질문은 아이들에게 동기를 부여하고 영감을 주었던 것을 생각해보게 돕는다. 내가 좋아하는 다른 질문은 "가장 놀라운 부분은 무엇인가요?"이다. 이 질문은 아이들에게 단순히 프로젝트를 설명하는 수준을 넘어, 그들이 경험한 것을 성찰하게 한다. 프로젝트에 문제가 생기면, 나는 종종 이렇게 묻는다. "이것으로 무엇을 하기를 원했나요?" 아이들은 대개 이를 설명하는 과정에서 더 이상 내게 힌트를 얻지 않고도 무엇이 잘못되었는지 스스로 깨닫는다.

10 생각: 자신의 생각을 공유해라

대부분의 학부모와 선생님은 자신의 사고 과정에 대해 아이들과 이야기하기를 꺼린다. 아마 자신의 생각이 때로는 혼란스럽거나 확실하지 않다는 점을 노출하고 싶지 않기 때문일 것이다. 그러나 자신의 사고 과정을 이야기해주는 것이야말로 당신이 아이들에게 줄 수 있는 최고의 선물이다. 생각을 한다는 건 아이들뿐만 아니라 어른들에게도 힘들다는 사실을 아이들이 아는 것이 중요하다. 프로젝트에 임하고 문제를 풀어나가는 당신의 전략을 듣는 것은 아이들에게 도움이 된다. 당신의 생각을 들음으로써 아이들은 자신의 생각을 성찰하는 데 더 개방적이 되고, 더 좋은 모델을 갖게 된다. 당신의 인생에서 아이들을 창의적 사고의 견습생이라고 상상해보라. 당신이 어떻게 사고하는지 보여주고 함께 논의함으로써 아이들이 창의적 두뇌로 자라도록 도울 수 있다.

선순환의 반복

창의적 학습의 선순환은 물론 '상상-창작-놀이-공유-생각'의 단일 사이클로 끝나지 않는다. 아이들은 한 사이클을 거치면서 새로운 아이디어를 얻고, 다시 다음 '상상-창작-놀이-공유-생각'의 사이클을 반복해나간다. 새로운 사이클을 거칠 때마다 우리는 아이들의 창의적 학습을 지원할 수 있는 새로운 기회를 갖게 된다.

디자이너와 개발자를 위한 열 가지 도움말

수년 동안 우리 MIT 연구 그룹에서는 아이들의 놀이와 학습을 지원하기 위한 새로운 기술과 활동을 개발해왔다. 이를 진행하면서 우리가 따라야 할 일련의 디자인 원칙도 만들었다. 이제 이들 원칙은 우리 마음속에 자리 잡은 채 우리가 내리는 모든 결정에 영향을 미치고 방향을 제공한다.

이 꼭지에서는 이에 대한 원칙 열 가지를 제시한다. 처음에는 동료 브라이언 실버만Brian Silverman과 같이 만들었고, 여기에 우리의 멘토인 시모어 페퍼트로부터 받은 영감을 더해 완성했다. 아이들이 창의적 학습 경험에 빠져들기를 힘쓰는 다른 디자이너와 개발자들에게도 이것이 도움이 되기를 바란다.

1 아이들이라는 디자이너를 위해 디자인해라

아이들을 위해 새로운 기술과 활동을 개발할 때 대부분의 디자이너는 무언가를 전달하고자 한다. 어떤 경우에는 지침을 전달하고, 어떤 경우에는 재미를 전달하고, 때로는 둘 다 전달한다. 우리의 접근법은 이와는 다르다. 최고의 학습 경험과 놀이 경험은 아이들이 무언가를 디자인하고 창작하고 표현할 때 얻어진다고 믿기 때문에 우리는 그것이 가능하도록 설계한다. 우리는 아이들 스스로가 디자이너가 되어 무언가를 디자인하고 창작하며 표현할 수 있도록 이에 필요한 도구와 활동을 개발하려 한다. 요컨대 우리 목표는 아이들이라는 디자이너를 위해 디자인하는 것이다. 이런 디자인을 통해 아이들 스스로가 디자이너가 되어 무언가를 디자인할 수 있는 기회를 더 많이 만들어주고 싶다.

2 낮은 문턱과 높은 천장을 제공해라

아이들은 도구와 함께 성장할 수 있어야 한다. 망치와 드라이버는 어른들만 아니라 아이들도 사용한다. 레고 브릭은 간단한 것을 만들려는 아이들이 많이 사용하지만, 복잡한 것을 만드는 엔지니어와 건축가도 사용한다. 새로운 디지털 기술도 마찬가지다. 새로운 도구를 설계할 때, 우리는 아이들에게 쉽게 시작할 수 있는 방법(낮은 문턱)을 제공하지만, 시간에 따라 점차 복잡해지는 프로젝트를 할 수 있는 기회(높은 천장)도 같이 제공한다. 레고 마인드스톰 로봇 키트나 스크래치 프로그래밍 도구는 주로 초등학교에서 소개되지만 대학 수업에서도 사용된다.

3 벽을 넓혀라

저마다 다른 아이들은 저마다 다른 관심사와 다른 배경, 다른 학습 스타일을 가지고 있다. 어떻게 그들 모두를 끌어들이고 참여하도록 유도하는 기술을 디자인할 수 있을까? 그러려면 낮은 문턱에서부터 높은 천장까지 다양한 경로를 통해 도달할 수 있도록 벽 사이의 간격을 넓혀주어야 한다. 스크래치가 성공한 큰 이유 가운데 하나는 아이들이 다양한 방식으로 사용할 수 있다는 점이다. 어떤 아이는 애니메이션 게임을 만들고, 어떤 아이는 음악을 작곡한다. 어떤 아이는 기하학 패턴을 만들고, 또 어떤 아이는 연극 대본을 쓴다. 어떤 아이는 프로젝트를 체계적으로 계획하고, 어떤 아이는 팅커링이나 실험을 해본다. 프로젝트를 좀 더 개인적으로 만들거나 차별화하기 위해 자신의 이미지와 목소리를 프로젝트로 옮겨올 수도 있다. 우리는 어떤 특정 기능을 모으려 하지 않고, 탐구하는 공간이 되도록 기술을 설계한다. 우리의 희망은 아이들이 가능성의 공간을 탐구하면서 계속해서 우리를 놀라게 하고, 나아가 자신들도 놀라게 되는 것이다. 이런 디자인에는 어려운 점이 있다. 아이들이 사용법을 빨리 익힐 수 있도록 충분히 구체적이면서도, 동시에 새로운 사용법을 계속 상상할 수 있도록 충분히 일반적이어야 한다는 것이다.

4 흥미와 아이디어를 서로 연결해라

아이들을 위한 새로운 기술과 활동을 디자인할 때 우리는 항상 두 가지 유형의 연결을 시도한다. 하나는 기술과 활동을 아이들의 관심사와 연결하는 것이다. 그러면 아이들은 탐구하고 실험하고 배우고 싶어 한다. 또 다른 하나는 아이들의 일상에 도움이 되는 아이디어로 연결하는 것이다. 이런 두 가지 연결은 서로를 강화한다. 좋아하는 프로젝트를 하면 아이들에게는 동기와 의미가 부여된다. 이런 아이디어와 접하면 아이들은 깊이 빠져든다. 우리는 아이들을 위한 프로그래밍 환경을 디자인하는 데 많은 노력을 투자했다. 그 한 가지 이유는 우리가 프로그래밍을 아이들이 좋아하는 것을 하면서 자신의 아이디어를 펼칠 수 있는 활동 수단으로 보기 때문이다.

5 단순함이 우선이다

많은 기술 도구는 '다기능 증후군^{Creeping Featurism}'*을 앓고 있다. 요즈음 제품들은 날이 갈수록 기능이 많아지고 복잡해진다. 우리는 이런 경향을 거부하며 단순성, 이해성, 융통성에 우선을 둔다. 예를 들어, 프로그래밍 브릭의 새로운 버전을 개발하면서 우리는 연결할 수 있는 모터와 센서 수를 줄였다. 이 때문에 복잡한 첨단 프로젝트를 하기에는 천장 높이가 조금 낮아지긴 했지만, 대신에 벽은 더욱 넓어졌다. 프로그래밍 브릭을 작고 가볍고 저렴하고 단순하게 만듦으로써 새로운 모바일 및 휴대 프로젝트가 가능해졌다. 이렇게 기능을 제한함으로써 비용을 줄이고 신뢰성은 높이면서도, 새로운 형태의 창의성을 강화할 수 있었다.

6 디자인의 대상이 되는 사람들을 깊이 이해해라

디자이너에게는 이용자의 선호도와 습관을 파악하기 위해 'A/B 테스트'를 하는 것이 보편화되어 있다. 어떤 이용자에게는 디자인의 버전 A를, 다른 사용자에게는 버전 B를 보여주며, 그들이 어떻게 반응하는지를 살핀다. 이런 접근법은 웹페이지에서

---

* 이런저런 기능이 계속 끼어들어 쓸데없이 시스템이 복잡해지는 현상.

버튼의 최적 위치 또는 최적 색상 같은 간단한 인터페이스 문제를 파악하는 데는 유용하다. 그러나 창의적 학습 경험을 제대로 지원하려면 사람들이 새로운 도구와 활동을 어떻게 활용하고 어떻게 받아들이는지에 대한 더 깊은 이해가 중요하다. 우리는 시제품을 사용하는 사람들을 관찰해, 어떤 것을 사용하고 어떤 것을 사용하지 않는지 조심스레 살핀 다음, 이에 따라 시제품을 수정하는 것이 가장 생산적이라는 사실을 발견했다. 사람들에게 그들이 생각하고 원하는 바를 묻는 것만으로는 충분하지 않다. 그들이 실제 어떻게 하는지 살필 필요가 있다.

7 자신이 사용하고 싶은 것을 만들어라

언뜻 이 지침은 너무 자기중심적으로 보일 수 있다. 그리고 실제로 자신의 개인적 취향과 관심을 지나치게 일반화할 위험도 있다. 그러나 자기가 사용하고 싶어 하는 것을 자기가 만들 때, 디자이너로서 우리는 훨씬 더 일을 잘하게 됨을 알 수 있다. 나아가 아이들도 당연히 이 방향을 좋아한다. 어떤 기술이든 우리조차 즐기지 않는다면 그것을 아이들에게 강요해서는 안 된다. 그리고 우리가 사용하는 것을 스스로 발명해야 할 또 다른 이유가 있다. 아이들은 기술을 사용하면서 교사와 학부모, 멘토에게 도움을 요청한다. 우리의 목표는 단지 신기술을 만드는 게 아니라, 아이들이 이런 기술을 배우도록 도와주는 사람들의 커뮤니티를 만드는 것이다. 어른이든 아이든, 참여한 모든 사람이 그 기술을 즐겨 사용하는 경우에는 이런 커뮤니티를 만들기가 훨씬 쉬워진다.

8 관련 분야의 소규모 디자인 팀을 구성해라

재미있는 학습 기술을 디자인하려면 컴퓨터 과학, 전기 공학, 디자인, 심리학, 교육 등 여러 분야의 전문 지식이 필요하다. 각각의 새로운 프로젝트마다 우리는 다양한 배경과 경험을 가진 사람들로 소규모 복합 팀을 구성한다. 우리는 아이디어를 공유하고, 최신 시제품을 써보고, 디자인 방향을 논의하는 팀 회의를 매주 연다. 팀은 보통 5~7명으로 구성된다. 팀은 다양한 관점을 논의할 수 있을 만큼 충분히 커야 하지만, 구성원 모두가 회의에 능동적으로 참여할 수 있을 만큼 충분히 작아야 한다.

9 주체적으로 디자인하되, 여러 사람의 이야기도 들어라

일관되고 통합된 디자인을 만들기 위해서는 소규모 그룹이 디자인을 관리하고 조율하는 것이 중요하다. 하지만 많은 사람의 의견도 같이 들어야 한다. 레고 그룹은 2세대 마인드스톰 로봇 키트를 개발할 때 전 세계 성인 레고 팬의 의견을 수집했다. 우리는 스크래치 애호가가 코드 문제를 발견하고 수정하는 데 도움이 되도록 스크래치 소스 코드를 공개했다. 우리는 또 스크래치를 다른 언어로 번역하기 위해 일반 대중을 활용했다. 스크래치 인터페이스에서 사용되는 수백 개의 단어 및 구문 목록을 만들고는, 사람들에게 그것을 다른 언어로 번역해주라고 도움을 청했다. 전 세계 자원 봉사자들이 스크래치를 50개 이상의 언어로 번역해주었다.

10 반복하고, 반복하고, 또 반복해라

우리는 아이들이 자신의 디자인을 반복하기를 원하며, 같은 원리를 우리 자신에게도 적용한다. 새로운 기술을 개발할 때는 결코 한 번에 완전한 형태를 얻을 수 없다. 우리는 끊임없이 부족한 것을 찾아내고 조정하고 바꾼다. 시제품을 빨리 개발하는 능력은 이 과정에서 매우 중요하다. 단지 앞으로 어떻게 하겠다고 글자로 적어보는 것만으로는 충분하지 않다. 작동하는 시제품이 필요하다. 초기 시제품은 완벽하게 작동하지 않아도 된다. 가지고 놀고, 실험하고, 이에 대해 이야기할 만큼 작동하면 충분하다. 마이클 슈라지^{Michael Schrage}의 저서 『심각한 놀이^{Serious Play}』[*]에 따르면, 시제품은 디자이너와 잠재적 이용자 사이에 논의를 불러일으키며, 특히 그런 논의가 시작되는 데 큰 도움이 된다고 한다. 우리는 새로운 시제품을 가지고 놀면서, 또는 다른 사람이 가지고 노는 것을 관찰하면서 좋은 의견과 아이디어를 얻는다. 어떤 시제품 하나를 가지고 놀기 시작하자마자, 우리는 다음 것을 어떻게 만들지 생각하게 된다.

---

* 우리나라에는 『초일류기업의 생존비밀, 시리어스 플레이』로 소개되었다.

평생유치원으로 가는 길

몇 년 전 미디어랩의 한 동료가 유치원생인 딸 릴리[Lily]에 관해 내게 편지를 보냈다. 그녀는 릴리의 같은 반 친구 중 한 명이 발달 문제로 유치원을 반복해서 다니고 있는데, 릴리가 어느 날 집에 와서 이렇게 말했다고 한다. "데이지[Daisy]는 지난해 유치원을 다녔는데 올해 또 다녀요. 나도 다시 유치원에 다니고 싶어요!"

나는 릴리가 유치원을 왜 떠나고 싶어 하지 않는지 이해할 수 있다. 앞으로 학교 과정을 거치면서 다시는 창의적 탐구와 창의적 표현을 할 기회를 가질 수 없을지도 모르기 때문이다. 그러나 유치원을 다시 다닐 필요는 없다. 이 책에서는 '유치원 방식'을 확장하는 이유와 전략을 제시해서, 릴리와 같은 아이들이 평생 동안 창의적 학습 경험을 계속하도록 돕고자 한다.

물론 '유치원 방식'을 확장하기란 쉽지 않다. 변화에 대한 교육 시스템의 완고한 저항은 이미 입증되어 있다. 지난 세기에 걸쳐 농업, 의약, 제조 분야는 새로운 기술과 과학적 진보에 따라 근본적으로 바뀌었다. 하지만 교육계는 그렇지 않다. 새로운 기술이 학교로 유입되었지만, 학교의 핵심 체계와 전략은 크게 변하지 않았고, 여전히 기존 산업사회의 필요와 과정에 맞는 생산라인적 사고방식에 머물러 있다. 앞으로 다가올 4차 산업혁명의 '창의적 사회'에 대한 준비는 전혀 되고 있지 않다.

'창의적 사회'가 원하는 요구 사항을 충족하기 위해서는 교육 시스템을 둘러싼 구조적 장벽을 허물어야 한다. 먼저 분야의 벽을 허물어야 한다. 학생들에게 과학, 예술, 공학, 디자인이 통합된 프로젝트를 할 수 있는 기회를 제공해야 한다. 또 나이의 벽을 허물어야 한다. 모든 연령대의 사람들이 서로 배울 수 있도록 해야 한다. 공간의 벽도 허물어야 한다. 학교, 지역 센터, 가정에서의 활동을 상호 연결해야 한다. 그리고 시간의 벽을 허물어야 한다. 아이들이 수업시간이나 교과 과정 단위의 제약에서 벗어나, 수주 또는 수개월 또는 수년 동안 좋아하는 프로젝트를 할 수 있어야 한다.

물론 이런 구조적 벽을 깨기란 어렵다. 이것은 사람들이 교육과 학습에 관해 생각하는 방식의 변화를 요구한다. 교육을 단편적 정보와 지식 전달 방법이 아니라, 아이들이 창의적 두뇌로 발전하도록 돕는 방법이라고 바라보아야 한다.

나는 창의적 사회로의 전환은 단기적으로는 비관적이지만 장기적으로는 낙관적이라고 생각한다. 구조적 장벽을 허물고 사람들의 사고방식을 바꾸는 것이 얼마나 어려운지 알기에 단기적으로는 비관적이다. 이런 변화가 하루아침에 일어나지는 않기 때문이다. 동시에 나는 장기적으로는 낙관적이다. '평생유치원' 사례를 더욱 강화하고자 하는 장기적 흐름이 분명히 나타나고 있다. 변화의 속도가 점점 가속화되면서 창의적 사고의 필요성이 더욱 분명해질 것이다. 시간이 지나면 점점 더 많은 사람이 아이들의 창의적 능력을 개발하는 게 얼마나 중요한지 깨달을 테고, 이에 따라 교육 목표에 대한 새로운 합의가 만들어질 것이다.

전 세계에 걸쳐 희망적인 징후가 보이고 있다. 아이들에게 만들고 실험하고 탐구하는 기회를 제공하는 학교, 박물관, 도서관, 커뮤니티 센터가 많이 생겨나고 있다. 또한 학부모, 교사, 정책 입안자들이 학습과 교육에 대한 기존 접근 방식의 한계를 인식하고, 급변하는 세상에서 아이들의 삶을 돕기 위한 더 나은 전략을 모색하고 있다.

내가 보는 장기적 낙관론의 다른 이유는 아이들 자체에 있다. 더 많은 아이들이 스크래치와 컴퓨터 클럽하우스 같은 커뮤니티에 참여해 창의성의 가능성과 기쁨을 경험하게 되면 그들 스스로 변화를 위한 촉매제가 될 것이다. 학교 교실에 가득한 수동성에 좌절감을 느끼며, 오래된 교육 방식을 받아들이지 않으려 할 것이다. 이 아이들이 자라나면서 계속해서 변화를 밀고 나갈 것이다.

이것은 단지 긴 여정의 시작일 뿐이다. 평생유치원으로 가는 길은 멀고 험하다. 많은 곳에서 많은 사람의 오랜 노력이 필요할 것이다. 우리는 창의적 학습 활동에 아이들을 더욱 활발히 참여시키기 위하여 더 나은 기술, 활동, 전략을 개발해야 한다. 아이들이 창의적 프로젝트를 수행하고 창의적 역량을 개발할 수 있는 더 많은 장소를 만들어야 한다. 프로젝트, 열정, 동료, 놀이의 힘을 증명하는 더 나은 방법을 찾아내고 문서화해야 한다.

이것은 분명 시간과 노력을 들일 가치가 있다. 나는 이것에 내 인생을 걸었고, 다른 사람들도 그렇게 되기를 바란다. 이것이 다양한 배경을 가진 모든 자라나는 아이들에게 내일의 창의적 사회에서 적극적이고 완전한 참여자가 될 기회를 제공하는 유일한 방법이다.

이 책은 내가 MIT 미디어랩에서 수행한 내용 위주로 구성되어 있지만, 많은 다른 연구자가 여러 곳에서 오랜 기간에 걸쳐 연구한 아이디어에서도 큰 도움을 받았다. 아래에 내게 영감과 도움을 준 참고문헌을 소개한다. 비디오나 웹사이트, 혹은 다른 관련 정보에 관한 링크가 필요하면 평생유치원 사이트 lifelongkindergarten.net 를 방문하면 된다.

Alfie Kohn, *Punished by Rewards: The Trouble with Gold Stars, Incentive Plans, A's, Praise, and Other Bribes*, Houghton Mifflin, 1993.

Andrea diSessa, *Changing Minds: Computers, Learning, and Literacy*, MIT Press, 2000.

Brigid Barron, *Kimberley Gomez, Nichole Pinkard, and Caitlin Martin, The Digital Youth Network: Cultivating Digital Media Citizenship in Urban Communities*, MIT Press, 2014.

Carolyn Edwards, Lella Gandini, and George Forman, eds., *The Hundred Languages of Children: The Reggio Emilia Approach to Early Childhood Education*, Praeger, 1993.

Dale Dougherty, *Free to Make: How the Maker Movement Is Changing Our Schools, Our Jobs, and Our Minds*, With Ariane Conrad, North Atlantic Books, 2016.

Daniel Pink, *Drive: The Surprising Truth about What Motivates Us*, Riverhead Books, 2009.

Douglas Thomas and John Seely Brown, *A New Culture of Learning: Cultivating the Imagination for a World of Constant Change*, CreateSpace, 2011.

Eleanor Duckworth, *The Having of Wonderful Ideas: And Other Essays on Teaching and Learning*, Teachers College Press, 1987.

Henry Jenkins, Mimi Ito, and danah boyd, *Participatory Culture in a Networked Era: A Conversation on Youth, Learning, Commerce, and Politics*, Polity, 2015.

John Dewey, *Experience and Education*, Kappa Delta Pi, 1938.

John Holt, *Learning All the Time*, Addison-Wesley, 1989.

Karen Brennan, *Best of Both Worlds: Issues of Structure and Agency in Computational Creation, In and Out of School*, MIT Media Lab, 2012.

Karen Wilkinson and Mike Petrich, *The Art of Tinkering. Weldon Owen*, 2014.

Ken Robinson, *Out of Our Minds: Learning to be Creative*, 2nd ed., Capstone, 2011.

Kylie Peppler, Erica Halverson, and Yasmin Kafai, eds., *Makeology*, Routledge, 2016.

Margaret Honey and David Kanter, *Design, Make, Play: Growing the Next Generation of STEM Innovators*, Routledge, 2013.

Marina Bers, *Designing Digital Experiences for Positive Youth Development: From Playpen to Playground*, Oxford University Press, 2012.

Natalie Rusk, *Scratch Coding Cards: Creative Coding Activities for Kids*, No

Starch Press, 2016.

Norman Brosterman, *Inventing Kindergarten*, Harry N. Abrams, 1997.

Seymour Papert, *Mindstorms: Children, Computers, and Powerful Ideas*, Basic Books, 1980.

Seymour Papert, *The Children's Machine: Rethinking School in the Age of the Computer*, Basic Books, 1993.

Sherry Turkle, *The Second Self: Computers and the Human Spirit*, Harper Collins, 1984.

Sylvia Martinez and Gary Stager, *Invent to Learn: Making, Tinkering, and Engineering in the Classroom*, Constructing Modern Knowledge Press, 2013.

Tony Wagner and Ted Dintersmith, *Most Likely to Succeed: Preparing Our Kids for the Innovation Era*, Scribner, 2015.

Yasmin Kafai, Kylie Peppler, and Robbin Chapman, *The Computer Clubhouse: Constructionism and Creativity in Youth Communities*, Teachers College Press, 2009.

MIT에서 내 공식 직함은 레고-페퍼트 석좌교수'LEGO Papert Professor of Learning Research'이다. 내 삶에 가장 큰 영향을 준 두 가지를 꼽는다면 레고 그룹과 페퍼트 회장이기에, 이 직함은 내게 잘 어울리는 것 같다.

나는 1982년 봄 웨스트 코스트 컴퓨터 전시회West Coast Computer Faire에서 시모어 페퍼트 회장이 기조강연을 했을 때 그를 처음 만났다. 내가 주간지《비즈니스 위크Business week》에서 실리콘밸리 담당 기자로 일하고 있을 때였다. 나는 내 일을 좋아하고 있었지만, 늘 뭔가 부족한 것 같다는 느낌이 들었다. 즉, 내 삶의 의미, 사명, 목적에 대해 어떤 깊이 있는 생각이 없었던 것이다. 그럴 때 그를 만났다. 그에게는 어떤 비전이 있었다. 그는 새로운 기술을 잘 활용하면 어떤 환경에서 자라온 아이들이든 자기 생각을 창의적으로 표현하고, 그들이 가진 좋은 아이디어를 구현하게 만들 수 있다는 믿음이 있었다. 나는 모든 아이들에게 이런 기회를 제공하겠다는 그의 비전에 감명을 받았다. 그래서 다음 해에 MIT로 옮겨 그와 함께 일하기 시작했다. 그 이후로 나는 계속 MIT에서 페퍼트 회장의 비전을 실현하는 데 내 인생을 쏟고 있다.

MIT에서 처음 시작한 큰 프로젝트는 아이들이 레고 브릭으로 만든 구조물을 프로그램해서 움직일 수 있도록 '로고 프로그래밍 언어'와 '레고 브릭'을 연동하는 것이었다. 이 프로젝트는 레고 그룹 안에서도 대단히 생산적인 협동을 유발했으며, 지난 30년 이상 확대되어왔다. 우리는 어린이, 놀이, 창의성, 학습에 관해 가치를 공유하며, 그 가치가 바로 이 프로젝트를 지속적으로 이끌어가는 힘이다. 나는 특히 우리 프로젝트를 오랫동안 지원해준 현 레고 그룹 소유주이며 레고 창업자의 손자인 크엘 키르크 크리스티안센Kjeld Kirk Kristiansen 회장에게 깊이 감사드린다.

수많은 사람이 이 책에서 논의한 아이디어와 프로젝트, 활동에 기여했다. 협력한 사람도 기여한 사람도 너무 많아서, 감사의 글이라는 제한된 페이지에서는 모두에게 감사를 드리기 어려울 것 같다. 혹시라도 이름이 언급되지 않거나 충분하게 표현되지 않더라도 이해해주실 줄로 믿는다. 간단히 알파벳 순서에 따르고자 한다.

MIT 미디어랩의 '평생유치원' 연구 그룹은 내게는 가족 같은 존재다. 우리는 함께 일했고, 함께 배웠고, 함께 성장했다. 이 책에서 나는 특히 우리 연구 그룹이 주도적으로 시작한 활동 중 세 가지에 집중해서 이야기했다. 레고 로봇, 컴퓨터 클럽하우스, 그리고 스크래치이다. 이 세 가지 주도적 활동 모두에서, 이를 형상화하고 진행하는 데 가장 특별한 역할을 해준 사람은 나탈리 러스크이다. 그리고 다음 사람들 또한 중요한 역할을 했다. 아모스 블랜턴, 칼 보먼Carl Bowman, 카렌 브레넌, 레오 버드Leo Burd, 카시아 크미엘린스키Kasia Chmielinski, 사야민두 다스굽타Sayamindu Dasgupta, 참피카 페르난도, 크리스 개리티Chris Garrity, 존 멀로니John Maloney, 프레드 마틴, 박티아르 미캑, 아몬 밀너Amon Millner, 안드레스 몬로 에르난데스, 스티브 오코Steve Ocko, 리카로즈 로크, 에릭 로젠바움Eric Rosenbaum, 랜디 서전트, 제이 실버, 그리고 앤드루 슬린스키Andrew Sliwinski.

다른 '평생유치원' 연구 그룹 학생들과 스태프도 이 책에서 언급된 아이디어와 프로젝트에 기여했다. 크리스티안 볼치Christian Balch, 앤디 베겔Andy Begel, 라훌 바르가바Rahul Bhargava, 릭 보로보이Rick Borovoy, 에이미 브루크먼Amy Bruckman, 로빈 채프먼Robbin Chapman, 미셸 정Michelle Chung, 셰인 클레멘츠Shane Clements, 바네사 코렐라Vanessa

Colella, 마르가리타 데콜리Margarita Dekoli, 슈루투 다리왈Shruti Dhariwal, 스테파니아 드루가Stefania Druga, 에블린 이스트먼드Evelyn Eastmond, 데이브 파인버그Dave Feinberg, 마크 고프Mark Goff, 콜비 구티에레스-크레이빌Colby Gutierrez-Kraybill, 크리스 핸콕Chris Hancock, 크레그 해닝Kreg Hanning, 미셸 허빈카Michelle Hlubinka, 압둘라흐만 이들비Abdulrahman Idlbi, 제니퍼 제이콥스Jennifer Jacobs, 대니얼 콘하우저Daniel Kornhauser, 크윈 크레이머Kwin Kramer, 사스키아 레게트Saskia Leggett, DD 류DD Liu, 데이비드 멜리스David Mellis, 팀 미켈Tim Mickel, 새러 오츠Sarah Otts, 알리샤 판자와니Alisha Panjwani, 랜달 핑켓Randal Pinkett, 카르멜로 프레시체Carmelo Presicce, 레이 샴프Ray Schamp, 에릭 실링Eric Schilling, 필립 슈미트Philipp Schmidt, 앨런 쇼Alan Shaw, 케이시 스미스Casey Smith, 마이클 스미스-웰치Michael Smith-Welch, 태미 스턴Tammy Stern, 리스 실반Lis Sylvan, 매튜 테일러Matthew Taylor, 티파니 청Tiffany Tseng, 모란 처Moran Tsur, 클라우디아 우레아Claudia Urrea, 크리스 윌리스-포드Chris Willis-Ford, 다이앤 윌로Diane Willow, 줄리아 짐머만Julia Zimmerman, 그리고 오렌 주커만Oren Zuckerman. 또한 '평생유치원' 연구 그룹이 원활히 운영되도록 도와준 행정 관리자 캐롤린 스토버Carolyn Stoeber, 스테파니 게일Stephanie Gayle, 아비솔라 오쿠크Abisola Okuk에게도 감사의 마음을 전한다.

'평생유치원' 연구 그룹은 다른 여러 개인, 그룹, 기관, 단체와 오랫동안 협력했으며, 또 그들로부터 많은 것을 배웠다. 그중 유대관계가 가장 크고 깊었던 둘을 꼽자면 플레이풀 인벤션 컴퍼니Playful Invention Company(파울라 본타Paula Bonta와 브라이언 실버만)와 과학관 팅커링 스튜디오Tinkering Studio at the Exploratorium(마이크 페트리치와 카렌 윌킨슨)이다. 협력해준 다른 중요한 사람들은 로비 버그Robbie Berg, 마리나 버스, 키스 브라드플라트Keith Braadfladt, 게일 브레스로우, 슈티나 쿡Stina Cooke, 마이크 아이젠버그Mike Eisenberg, 벤자민 마코 힐Benjamin Mako Hill, 마거릿 허니, 미미 이토Mimi Ito, 야스민 카파이Yasmin Kafai, 앨런 케이, 그리고 셰리 터클이다. 국제적으로 협력해준 사람들도 많았다. 그들은 게타 나라야난Geetha Narayanan(인도), 리디 네빌레Liddy Nevile(호주), 카를라 리날디(이탈리아), 엘레오노라 바딜라 색스Eleonora Badilla Saxe(코스타리카), 그리고 우에다 노부유키上田信行(일본)이다. 스크래치재단의 리사 오브라이언Lisa O'Brien과 미 응웬My Nguyen도 스크래치의 정신과 아이디어를 확산하는 데 크게 기여했다.

이 모든 일은 재정적 지원이 없었다면 불가능했을 것이다. 이 책의 과제는 미국 국립과학재단으로부터 10회 이상 연구자금을 지원받았으며, 개인 재단인 레만Lemann 재단과 맥아더MacArthur 재단으로부터도 지원을 받았다. 기업 후원자들 또한 진정한 파트너로서 자금뿐 아니라 다른 형태의 여러 지원을 해주었다. 특별히 나는 레고 그룹과 레고 재단의 에릭 한센Erik Hansen, 외르겐 비크누드스토르프Jorgen Vig Knudstorp, 크엘 키르크 크리스티안센, 보스티얀 톰센Bo Stjerne Thomsen, 인텔의 크레이그 베럿Craig Barrett, 로즈 허드넬Roz Hudnell, 구글의 파브니 디완지Pavni Diwanji, 매기 존슨Maggie Johnson, 카툰네트워크Cartoon Network의 질 킹Jill King, 크리스티나 밀러Christina Miller에게 큰 감사를 드리고 싶다. 데이비드 시걸David Siegel은 대단한 개인 기부자 그 이상이었다. 그와 나는 스크래치를 개발하고 배포하기 위한 스크래치 재단을 공동 설립했다.

MIT 미디어랩은 이 책의 아이디어와 프로젝트를 키우는 데 중요한 환경을 제공해주었다. 이에 미디어랩 관계자 분들께도 감사를 드리고자 한다. 먼저 미디어랩을 창설하고 초대 소장으로서 이끌어온 니콜라스 네그로폰테Nicholas Negroponte 소장은 '창의적 일과 놀이' 환경을 만들어주었다. 현재 미디어랩을 맡고 있는 조이 이토Joi Ito 소장은 미디어랩이 가진 마법 같은 특별함과, 이것이 미치는 영향을 크게 확장해주었다. 패티 마스Pattie Maes는 지난 십 년 동안 나와 함께 미디어랩의 교과 과정을 주도해왔다.

이 책의 출판을 준비하면서 내 대리인 역할을 한 브록만의 카팅카 맷슨Katinka Matson, 그리고 MIT 출판사의 담당 이사 에이미 브랜드Amy Brand, 편집자 수잔 버클리Susan Buckley와 캐슬린 카루소Kathleen Caruso, 디자이너 이구치 야스요Iguchi Yasuyo와 함께한 작업은 무척 즐거웠다.

원고 초본에 대하여 아모스 블랜턴, 벤자민 마코 힐, 미미 이토, 나탈리 러스크, 필립 슈미트, 앤드루 슬린스키, 프레데리크 퇴머가르트Frederikke Tømmergaard 등으로부터 많은 피드백을 받았으며, 칼 보먼은 책의 이미지와 전체 디자인에 대하여 값진 조언을 해주었다. 이 책의 근간이 되는 4P, 즉 프로젝트, 열정, 동료, 놀이는 내가 필립 슈미트 및 나탈리 러스크와 함께 개발한 온라인 과정인 '창의적 학습 배우기Learning Creative Learning'에서부터 발전된 것임을 밝힌다.

마지막으로 '평생유치원' 연구 그룹이 개발한 아이디어와 기술을 사용해준 전 세계의 수백만 아이들과 교육자들에게 진심으로 감사드린다. 나는 지금도 그들의 창의적 아이디어와 프로젝트로부터 계속해서 즐거움과 영감을 얻고 있다.

미첼 레스닉의 평생유치원
MIT 미디어랩이 밝혀낸 창의적 학습의 비밀

초판 1쇄 발행 2018년 10월 1일
초판 9쇄 발행 2024년 7월 31일

지은이 미첼 레스닉
옮긴이 최두환
펴낸이 김선식

부사장 김은영
콘텐츠사업본부장 임보윤
책임마케터 이고은, 양지환
콘텐츠사업8팀장 전두현 **콘텐츠사업8팀** 김상영, 김민경, 장종철, 임지원
마케팅본부장 권장규 **마케팅2팀** 이고은, 배한진, 양지환 **채널2팀** 권오권
미디어홍보본부장 정명찬 **브랜드관리팀** 안지혜, 오수미, 김은지, 이소영
뉴미디어팀 김민정, 이지은, 홍수경, 서가을, 변승주, 김화정, 장세진
지식교양팀 이수인, 염아라, 석찬미, 김혜원, 백지은, 박장미, 박주현
편집관리팀 조세현, 김호주, 백설희 **저작권팀** 한승빈, 이슬, 윤제희
재무관리팀 하미선, 윤이경, 김재경, 임혜정, 이슬기
인사총무팀 강미숙, 지석배, 김혜진, 황종원
제작관리팀 이소현, 김소영, 김진경, 최완규, 이지우, 박예찬
물류관리팀 김형기, 김선민, 주정훈, 김선진, 한유현, 전태연, 양문현, 이민운

펴낸곳 다산북스 **출판등록** 2005년 12월 23일 제313-2005-00277호
주소 경기도 파주시 회동길 490 다산북스 파주사옥
전화 02-704-1724 **팩스** 02-703-2219
이메일 dasanbooks@dasanbooks.com
홈페이지 www.dasan.group **블로그** blog.naver.com/dasan_books
종이 신승inc **인쇄** 북토리 **코팅 및 후가공** 제이오엘엔피 **제본** 다온바인텍

ISBN 979-11-306-1936-1 (03500)

다산북스(DASANBOOKS)는 책에 관한 독자 여러분의 아이디어와 원고를 기쁜 마음으로 기다리고 있습니다.
출간을 원하는 분은 다산북스 홈페이지 '원고 투고' 항목에 출간 기획서와 원고 샘플 등을 보내주세요.
머뭇거리지 말고 문을 두드리세요.